Wolfgang Lück
Johann Heinrich Jung-Stilling

HEINRICH JUNG.

Johann Heinrich Jung-Stilling

12. September 1740 - 2. April 1817

Wirtschaftswissenschaftler, Arzt und Schriftsteller
Lebensbilder und Werk des Siegerländer Gelehrten
und Marburger Universitätsprofessors

von
Wolfgang Lück

HITZEROTH

Autor:
Professor Dr. Wolfgang Lück
Wirtschaftsprüfer und Steuerberater
Lehrstuhl für Betriebswirtschaftslehre und Wirtschaftsprüfung
Philipps-Universität Marburg
Treuhandseminar Jung-Stilling
Universitätsstraße 24
3550 Marburg/Lahn

Abbildungsnachweis: Bildarchiv Foto Marburg (Seiten 30, 81, 85, 87, 92), Foto-Studio Müller (Seiten 26, 75), Hessisches Staatsarchiv Marburg (Seiten 77, 78), L. Irle: Siegerländer Persönlichkeiten, Siegen 1974 (Seite 93), Medizinische Monatsschrift, 24. Jahrgang, August 1970 (Seite 17), W. Ranke/G. Korff: Hauberg und Eisen, Kommern 1980 (Seiten 25, 49, 53), Stadtarchiv Hilchenbach (Seiten 16, 39, 51, 76, 89), T. Stillingsfreund: Erscheinungen im Siegerland, Kreuztal 1987 (Seite 2), Universitätsbibliothek Marburg (Seiten 15, 18, 19, 23, 29, 34, 35, 37, 38, 40, 59, 62, 67, 69, 71, 94 – 124, 127 – 164)

CIP-Titelaufnahme der Deutschen Bibliothek

Lück, Wolfgang:
Johann Heinrich Jung-Stilling : 12. 9. 1740 – 2. 4. 1817 ;
Wirtschaftswissenschaftler, Arzt und Schriftsteller ;
Lebensbilder und Werk des Siegerländer Gelehrten und
Marburger Universitätsprofessors / Wolfgang Lück. – Marburg :
Hitzeroth, 1990
ISBN 3-89398-022-9

Umschlaggestaltung: Gerhard Exel
Gesamtherstellung: Joh. Aug. Koch, Marburg
Printed in Germany
ISBN 3-89398-022-9

Inhaltsverzeichnis

Meinem Vater
Hans-Alfred Lück

Vorwort

Der Vergangenheit verbunden,
der Gegenwart verpflichtet
und der Zukunft zugetan!

Der im Siegerland geborene und aufgewachsene Wirtschaftswissenschaftler, Arzt und Schriftsteller Johann Heinrich Jung-Stilling ist ohne Zweifel eine der markantesten Persönlichkeiten, die an der Philipps-Universität Marburg gelehrt haben. Kaum ein anderer Siegerländer und kaum ein anderer Marburger Hochschullehrer hat über sein eigentliches Lehrfach hinaus soviel Aufsehen erregt wie Jung-Stilling.

Jung-Stillings Lebensweg ist durch eine einzigartige Vielseitigkeit gekennzeichnet: Geboren und aufgewachsen in ärmlichen Verhältnissen, muß er als Kind hart arbeiten, arbeitet sich durch Fleiß, Ehrgeiz und Intelligenz empor zum Schneidergesellen, Schulmeister (mit 14 Jahren), Hauslehrer und Kaufmann, sammelt praktische Erfahrungen im Handel und in einem Hammerwerk, beschäftigt sich mit literarischen und philosophischen Studien, erlernt mehrere Sprachen im Selbststudium, beginnt 30jährig ein Medizinstudium in Straßburg, promoviert mit einem wirtschaftswissenschaftlichen Thema zum Dr. med., wird erfolgreicher Augenarzt, schreibt wirtschaftswissenschaftliche Abhandlungen, wird zum Professor der Kameralwissenschaften nach Kaiserslautern, nach Heidelberg (wo er zusätzlich zum Dr. phil. promoviert) und schließlich nach Marburg berufen.

Die Daten aus Jung-Stillings Biographie verdeutlichen, daß es folgender Jubiläen zu gedenken gilt:

12. September 1740 – 12. September 1990:
    250. Geburtstag Jung-Stillings.

4. Juli 1787 – 4. Juli 1987:
   Antrittsrede von Jung-Stilling anläßlich der Übernahme der Professur an der Marburger Philippina vor 200 Jahren.

12. September 1789 – 12. September 1989:
    Errichtung des Staatswirtschaftlichen Instituts an der Marburger Philippina durch Vorschläge von Jung-Stilling vor 200 Jahren.

13. Mai 1790 – 13. Mai 1990:
    Eröffnungsrede des Staatswirtschaftlichen Instituts durch Jung-Stilling vor 200 Jahren.

Aus den vielen Stationen seines Lebens sollen hier schwerpunktartig seine Jugend im Siegerland und seine Marburger Zeit als Professor der

Kameralwissenschaften dargestellt werden. Im Sinne eines Lesebuches werden in einzelnen Abschnitten sein Leben, seine Jugend, seine Bedeutung als Wirtschaftswissenschaftler, seine Tätigkeit als Hochschullehrer in Marburg und seine Ideen und Vorschläge zur Gründung des Staatswirtschaftlichen Instituts gewürdigt.

Durch den Nachdruck seiner Antrittsrede, seines Gutachtens zur Gründung des Instituts und seiner Erläuterungen „Geschichte als Lehrer der Staatswirtschaftlichen Wissenschaften" soll Jung-Stilling selbst zu Wort kommen.

Bei den umfangreichen Recherchen hat mich meine Mitarbeiterin Frau cand. rer. pol. Sibylle Spinner großartig unterstützt. Die Mitarbeiter im Marburger Treuhandseminar Jung-Stilling haben die verschiedenen Manuskripte kritisch gelesen und wertvolle Anregungen bei den redaktionellen Korrekturen gegeben: Frau cand. rer. pol. Katja Knetsch sowie die Herren Dipl.-Kfm. Udo Jung, Dipl.-Kfm. Ingo Riebeling und Dipl.-Kfm. Hilmar Siebert – eine gemischte Mannschaft aus dem Siegerland und aus Mittelhessen.

Dem Dr. Wolfram Hitzeroth Verlag (Marburg) bin ich für die verständnisvolle Zusammenarbeit verbunden.

Der Marburger Universitätsbund e.V., der Siegener Brauereiverband e.V. und die SMS Schloemann-Siemag Aktiengesellschaft, Hilchenbach, haben die Drucklegung finanziell unterstützt – dafür herzlichen Dank!

Ich habe dieses Buch einem Siegerländer gewidmet, der mein Leben am meisten geprägt hat, meinem Vater Hans-Alfred Lück.

Treuhandseminar Jung-Stilling
Marburg und Eiserfeld, 16. Januar 1990 — Prof. Dr. Wolfgang Lück

Johann Heinrich Jung-Stilling

12. September 1740 – 2. April 1817

Johann Heinrich Jung gen. Stilling kann als eine der bekanntesten und vielseitigsten Schriftsteller- und Lehrerpersönlichkeiten des 18. Jahrhunderts angesehen werden. Seine Leistungen als Schriftsteller, Mediziner und Wirtschaftswissenschaftler wirken bis in die Gegenwart hinein.

Mit dem Namen Jung-Stilling verbindet man eine einzigartige Selbstbiographie, bestehend aus sechs in sich geschlossenen Beschreibungen der einzelnen Lebensabschnitte der großen Persönlichkeit. Erschienen sind die einzelnen Werke im Zeitraum von 1777-1817.

Man erinnert sich seiner religiösen Schriften und Erzählungen, darunter als bedeutendes Werk sein mystischer Roman „Heimweh", der in seiner Marburger Zeit entstanden ist.

Neben Jung-Stillings schriftstellerischer Tätigkeit ist insbesondere seine Stellung als Wirtschaftswissenschaftler hervorzuheben. In Marburg lehrte er als Professor der Ökonomie-, Finanz- und Kameralwissenschaften sämtliche staatswirtschaftliche Fächer; er hat sich als Mitbegründer des Staatswirtschaftlichen Instituts um die Anerkennung und Verbreitung dieser Disziplin verdient gemacht.

Herkunft und Prägung

Geboren am 12. September 1740 in Grund (Amt Hilchenbach bei Siegen) im damaligen Fürstentum Nassau-Siegen als Sohn eines Schneiders und Schullehrers, entstammte Johann Heinrich Jung einer Familie, deren Leben und Denken stark durch den Pietismus geprägt war.

Der von dem Schriftsteller selbst gewählte Beiname „Stilling" erinnert an die Pietisten, eine protestantische Oppositionsbewegung, von ihren Gegnern auch die „Stillen im Lande" genannt. Diese Bewegung, die bereits im 17. Jahrhundert ihre Blütezeit hatte, wandte sich gegen die damals zu beobachtende Verweltlichung der Religion. Die Geistlichen vernachlässigten vielfach ihren Auftrag, zu christlichem Handeln anzuleiten. Statt dessen predigten sie eine Gehorsamsmoral im Sinne der Obrigkeit, als deren Repräsentanten sie sich häufig verstanden. Die pietistische Lehre, die sich auch an deutschen Fürstenhöfen verbreitete, zeichnete sich durch den Wunsch nach einer persönlichen, emotionalen Beziehung zu Gott aus.[1]

Jung-Stilling, der bereits im 2. Lebensjahr seine Mutter verlor, wird als empfindsamer Knabe beschrieben, dessen poetisches, phantasiereiches

Gemüt in der ländlichen Umgebung seiner Siegerländer Heimat Anregungen fand.[2]

Mit 10 Jahren besuchte er die Lateinschule in Hilchenbach, bereits 5 Jahre später übertrug ihm der Pastor Seelbach die Stelle eines Schullehrers in dem benachbarten Ort Lützel. In den darauffolgenden Jahren hatte er mehrere Stellen als Lehrer: 1756 unterrichtete er als Hauslehrer in Solingen; ein Jahr später berief ihn der Pastor Göbel als Schullehrer nach Dreisbach; 1760 wechselte er nach Klafeld, beides Gemeinden im Siegerland. Zwischenzeitlich arbeitete er immer wieder in der elterlichen Landwirtschaft und Schneiderei.

Während dieser Zeit bildete er sich durch das Selbststudium zahlreicher Bücher weiter. Im April 1762 wanderte er nach Solingen, wo er als Schneidergeselle bei dem Schneidermeister Stöcker eine Anstellung fand. Nachdem er seine folgende Stelle als Hauslehrer bei dem Kaufmann Peter Hartkop in Hückeswagen im gleichen Jahr verlassen hatte, arbeitete er wieder als Schneidergeselle, diesmal bei dem Schneidermeister Johann Jakob Becker in Radevormwald. Durch die Vermittlung seines Meisters trat er 1763 mit 22 Jahren in den Dienst des aus dem Siegerland stammenden Gutsbesitzers, Fabrikanten und Kaufmanns Peter Johann Flender in Radevormwald, der seinen weiteren Lebensweg entscheidend beeinflussen sollte.

Jung-Stilling fand in ihm einen Freund und Gönner, der ihn mit Handel und Gewerbe vertraut machte und ihm die Möglichkeit bot, die französische, griechische und hebräische Sprache zu erlernen. Auf Anraten seines Mentors betrieb er medizinische Vorstudien, die ihm den Zugang zum Studium der Medizin eröffnen sollten.

Noch vor seinem Studienbeginn lernte er den katholischen Pfarrer Molitor aus Attendorn kennen, der ihn in die Augenheilkunde einweihte und somit die Grundlagen für Jung-Stillings spätere Augenstaroperationen schuf. Bereits in Radevormwald praktizierte er einige Monate auf diesem Gebiet mit großem Erfolg.[3]

In diese Zeit fiel auch seine „Erweckung“: die Vorstellung, daß sein Leben unter die persönliche Führung Gottes gestellt und bis in Einzelheiten von Gott bestimmt sei. Dieser Glaube, der auch in seinen Schriften zum Ausdruck kommt, prägte seinen gesamten späteren Lebensweg und war die Ursache für sein Sendungsbewußtsein.

Als Student in Straßburg

Im Jahre 1770 begann Jung-Stilling sein Medizinstudium in Straßburg, das er 1772 mit der Promotion erfolgreich abschloß.

Seine Begegnung mit der jungen deutschen Literaturbewegung in Straßburg war von besonderer Bedeutung für die Entwicklung seiner Persönlichkeit. Er gehörte zum Freundeskreis von Goethe, Herder, Lenz und Lerse, die ihn in einen Kreis bedeutender, produktiver Schriftsteller mit umfassender Bildung brachten. Jung-Stilling sah sich mit freien, lebensbejahenden Idealen konfrontiert, die die Enge der pietistischen Konventionen durchbrachen.[4]

Durch seinen neuen Freundeskreis nahm er viele literarische Anregungen auf. Er studierte – neben den medizinischen Disziplinen – die englische Literatur, wie beispielsweise die Werke Shakespeares, wurde aber auch an die Volksdichtung herangeführt, mit der er aufgewachsen war.[5]

Jung-Stilling bewunderte Johann Gottfried Herder, einen Vertreter der neuen literarischen Bewegung, die später als „Sturm und Drang" in die Literaturgeschichte einging. In seinem Buch „Wanderschaft" sagt er über Herder:

> *„Herder hat nur einen Gedanken,*
> *und dieser ist eine ganze Welt."*

Jung-Stilling beschreibt die tiefgreifenden Eindrücke, die Herder bei ihm hinterließ:[6]

> *„Wenn jemahls ein Geist einen Stoß bekommen hat zu einer ewigen Bewegung, so bekam ihn Stilling von Herdern, und das darum, weil er mit diesem herrlichen Genie, in Ansehung des Naturells mehr harmonirte als mit Göthe."*

In diesem Sinne äußert sich auch Goethe in „Dichtung und Wahrheit":[7]

> *„Daß übrigens Herders Anziehungskraft sich so gut auf Andre als auf mich wirksam erwies, würde ich kaum erwähnen, hätte ich nicht zu bemerken, daß sie sich besonders auf Jung, genannt Stilling, erstreckt habe. Das treue redliche Streben dieses Mannes mußte jeden, der nur irgend Gemüth hatte, höchlich interessiren, und seine Empfänglichkeit jeden, der etwas mitzutheilen im Stande war, zur Offenheit reizen. Auch betrug sich Herder gegen ihn nachsichtiger als gegen uns Andre: denn seine Gegenwirkung schien jederzeit mit der Wirkung, die auf ihn geschah, im Verhältniß zu stehn. Jungs*

Umschränktheit war von so viel gutem Willen, sein Vordringen von so viel Sanftheit und Ernst begleitet, daß ein Verständiger gewiß nicht hart gegen ihn seyn, und ein Wohlwollender ihn nicht verhöhnen noch zum besten haben konnte. Auch war Jung durch Herdern dergestalt exaltirt, daß er sich in allem seinen Thun gestärkt und gefördert fühlte, ja seine Neigung gegen mich schien in eben diesem Maße abzunehmen; doch blieben wir immer gute Gesellen, wir trugen einander vor wie nach und erzeigten uns wechselseitig die freundlichsten Dienste."

Den entscheidenden Anstoß für die Niederschrift seiner Lebensgeschichte fand Jung-Stilling bei Goethe, der im 9. Buch von „Dichtung und Wahrheit" seine erste Begegnung mit dem angehenden Medizinstudenten ausführlich schildert und ihn dabei wie folgt charakterisiert:

„Stilling's Gestalt, ungeachtet einer veralteten Kleidungsart, hatte, bei einer gewissen Derbheit, etwas Zartes. Seine Stimme war sanft, ohne weich und schwach zu sein; ja sie wurde wohltönend, sobald er in Eifer gerieth, welches sehr leicht geschah. Wenn man ihn näher kennen lernte, so fand man in ihm einen gesunden Menschenverstand, der auf dem Gemüth ruhte und sich deswegen von Neigungen und Leidenschaften beherrschen ließ und aus eben diesem Gemüth entsprang ein Enthusiasmus für das Gute, Wahre, Rechte in möglichster Reinheit. Das Element seiner Energie war ein unverwüstlicher Glaube an Gott und an eine unmittelbare von daher fließende Hülfe, die sich in einer ununterbrochenen Vorsorge und in einer unfehlbaren Rettung aus aller Noth, von jedem Uebel augenscheinlich bestätigte. Jung hat dergleichen Erfahrungen in seinem Leben viele gemacht. – Er erzählte seine Lebensgeschichte auf das anmuthigste. Ich trieb ihn, solche aufzuschreiben, und er versprachs. – Sein Glaube duldete keinen Zweifel und seine Ueberzeugung keinen Spott."

Jung-Stilling schrieb den ersten Teil seiner Autobiographie „Jugend" aber erst nach Beendigung des Medizinstudiums. Die vielfältigen Anregungen während der Straßburger Zeit führten dazu, daß seine Lebensgeschichte ein lebendiges Bild vom dörflichen Leben seiner Zeit und den Denk- und Verhaltensweisen jener Menschen, mit denen er aufgewachsen war, gab.

Noch während des Studiums heiratete Jung-Stilling die Kaufmannstochter Christine Heyder aus Ronsdorf. Aus dieser Ehe gingen zwei Kinder, Hanna und Jacob Jung, hervor.

Im März 1772 legte Jung-Stilling nach einem nur dreisemestrigen Studium an der medizinischen Fakultät der Universität Straßburg seine Dissertation unter dem Titel „Specimen de historia martis Nassovico-Siegenensis“ vor. Diese in lateinischer Sprache abgefaßte Schrift enthält eine Darstellung der Geschichte des Nassau-Siegenschen Eisengewerbes. Da zu dieser Zeit noch keine strikte Abgrenzung der verschiedenen naturwissenschaftlichen Fakultäten zu beobachten war, ist es nicht außergewöhnlich, daß Jung-Stilling mit einer Untersuchung über die Besonderheiten der Eisenindustrie im Siegerland zum Doktor der Medizin promoviert wurde.

SPECIMEN

DE

HISTORIA MARTIS

NASSOVICO-SIEGENENSIS

QUOD

DEO SOLO PRÆSIDE

CONSENTIENTE

GRATIOSISSIMA FACULTATE MEDICA

ARGENTORATENSI

PRO LICENTIA

GRADUM DOCTORIS

LEGITIME CAPESSENDI

H. L. Q. C.

SOLEMNITER DEFENDET

JOHANNES HENRICUS JUNG

MONTANO-RONSDORFFIENSIS

DIE XXIV. MARTII MDCCLXXII.

ARGENTORATI

Typis JOH. HENRICI HEITZII Univerſitatis Typographi.

Armer Arzt mit reichen Gaben

Nachdem er sein Medizinstudium mit der Promotion erfolgreich abgeschlossen hatte, siedelte das junge Paar im Jahre 1772 nach Elberfeld über, um eine ärztliche Praxis aufzubauen. Jung-Stilling beschäftigte sich in dieser Zeit hauptsächlich mit Augenkrankheiten. Während der Elberfelder Zeit führte er zahlreiche Staroperationen mit großem Erfolg durch.

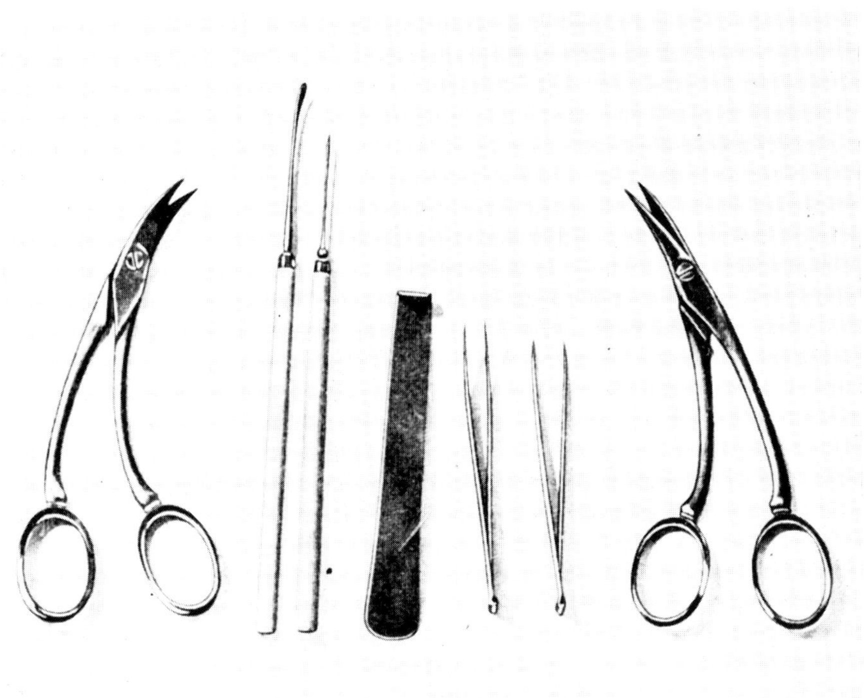

Starbesteck aus dem Nachlaß von Johann Heinrich Jung-Stilling (Museum des Siegerlandes)

Dennoch verlief der Aufenthalt in Elberfeld insgesamt eher enttäuschend, da Jung-Stilling aufgrund der schlechten Zahlungsmoral seiner Patienten in finanzielle Schwierigkeiten geriet. Zudem wandten sich seine früheren pietistischen Freunde von ihm ab, weil sie den nun vom Weltlichen berührten Jung-Stilling als einen der Versuchung erlegenen Bruder ansahen.[8]

Für seinen späteren Werdegang waren die Elberfelder Jahre jedoch von besonderer Bedeutung, denn in dieser Zeit begann die erfolgreiche schriftstellerische Tätigkeit.

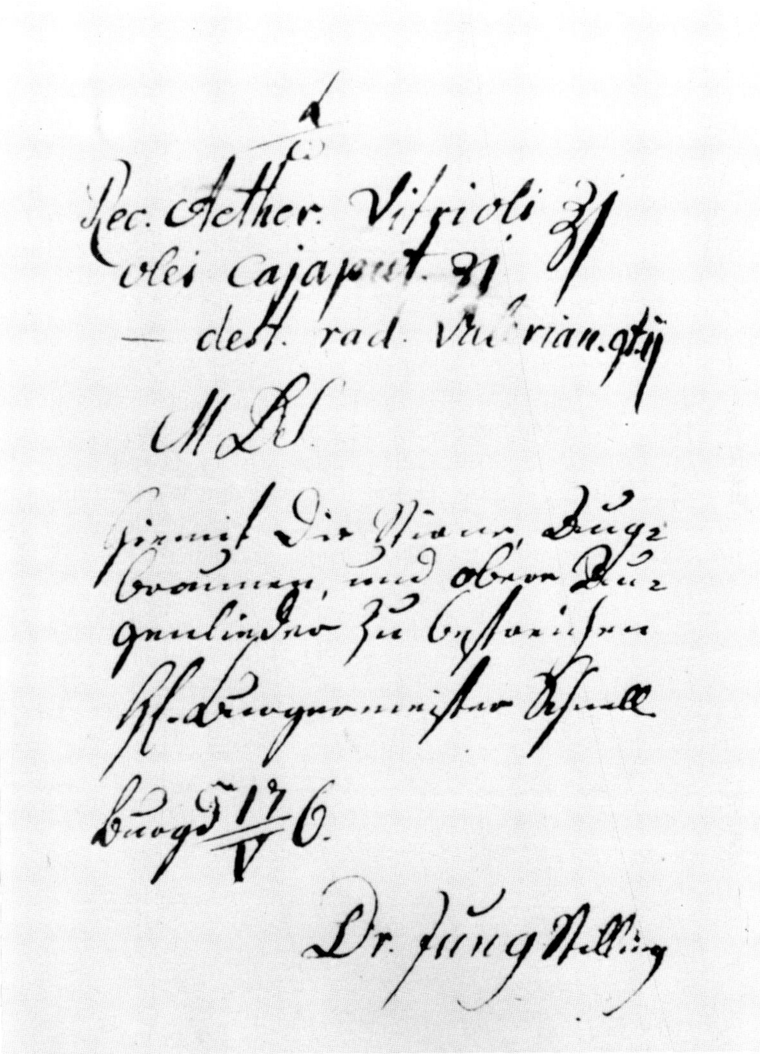
Rec. Aether. Vitrioli ʒj
olei Cajaput. ℈j
— dest. rad. Valerian. gtt ij
M D S.
Hiermit die Stirn, Augenbrauen, und obere Augenlider zu bestreichen
H. Burgermeister Schnell
Burgd. 17/V 76.
Dr. Jung Stilling

Originalrezept von Jung-Stilling: Hiermit die Stirn, Augenbrauen und obere Augenlider zu bestreichen.

H. Bürgermeister Schnell. *Dr. Jung-Stilling*

Der Schriftsteller

Am 22. Juli 1774 besuchte Goethe Jung-Stilling in Elberfeld. Jung-Stilling diskutierte mit ihm über das soeben beendete Manuskript des ersten Teils seiner Selbstbiographie mit dem Titel „Jugend". Goethe nahm das Manuskript an sich und ließ es ohne Wissen des Autors drucken. Drei Jahre später wurde Jung-Stilling durch das Honorar für diesen ersten erfolgreichen Teil seiner Lebensgeschichte überrascht. Dieses Honorar und der Erfolg des Buches ebneten den Weg für seine spätere schriftstellerische Tätigkeit.

Das Werk fand als Stück volkstümlicher Poesie in allen Gesellschaftskreisen ungeahnten Beifall. Es enthält nur wenige Beschreibungen, vermittelt vielmehr in prägnanten Dialogen und Szenen einen lebendigen Eindruck von der Umgebung, in der Jung-Stilling aufwuchs.[9]

Bereits ein Jahr später erschienen „Henrich Stillings Jünglings-Jahre" und „Henrich Stillings Wanderschaft". Diese beiden Werke umfassen die Zeit als Schullehrer und Schneidergeselle in seiner Siegerländer Heimat, die Jahre in Radevormwald und die Straßburger Studienzeit.

Henrich Stillings

Jünglings-Jahre.

Eine wahrhafte Geschichte.

Berlin und Leipzig,
bey George Jacob Decker.
1778.

Henrich Stillings
Wanderschaft.

Eine wahrhafte Geschichte.

Berlin und Leipzig,
bey George Jacob Decker.
1778.

Jung-Stillings Neigung zum Schreiben einer Selbstbiographie läßt sich als christliches Anliegen zur Darlegung des eigenen Lebens vor Gott verstehen. Mit der Herausgabe der einzelnen Werke und dem Anklang, den sie in der breiten Öffentlichkeit fanden, wurde auch der Bekanntheitsgrad Johann Heinrich Jungs größer.[10]

Schilderungen der Siegerländer Wirtschaft

Jung-Stilling legte bereits während seines Aufenthalts in Elberfeld die Grundlage für seine spätere Lehrtätigkeit als Professor der Kameralwissenschaften: Er schrieb für die Staatswirtschaftliche Gesellschaft in Kaiserslautern zahlreiche Abhandlungen, die auch heute noch als Beiträge zur Gewerbegeschichte herangezogen werden können. In seinen Aufsätzen schilderte er die Erfahrungen, die er selbst in Landwirtschaft, Forstwirtschaft, Fabrikwesen und Handel gemacht hatte. Er beschrieb hauptsächlich die Wirtschaft der Regionen, die er selbst kennengelernt hatte, insbesondere seiner Siegerländer Heimat.[11]

Die Bedeutung, die Jung-Stillings Schriften beigemessen wurde, zeigt sich darin, daß die Aufsätze offenbar ohne Wissen des Verfassers in den „Abhandlungen oeconomisch und statistischen Inhalts" im Jahre 1788 in Kopenhagen und Leipzig erneut erschienen.

Besonders zu erwähnen sind Jung-Stillings Abhandlungen über die Holznutzung, die Köhlerei und das Eisengewerbe im Siegerland, die u.a. in den Jahren 1935, 1958 bzw. 1959 erneut gedruckt wurden. In diesen Aufsätzen schildert er die für seine Heimat typischen Gewerbezweige mit großer Sorgfalt. Neben der fachlich fundierten Darstellung fällt auch die persönliche Verbundenheit des Autors mit den geschilderten Bereichen immer wieder auf.

Der erste Aufsatz aus Jung-Stillings Feder erschien in den „Bemerkungen der Kuhrpfälzischen physikalisch-ökonomischen Gesellschaft vom Jahre 1775". Er trägt den Titel „Staatswirthschaftliche Anmerkungen bei Gelegenheit der Holznüzung des Siegerlandes". Gegenstand des Aufsatzes sind die Probleme, die im Siegerland durch einen stetig ansteigenden Holzverbrauch entstanden sind:[12]

> *„... die Bauart nach der Mode zehrt zu einem Hause von eben dem Raume dreimal mehr Holz weg, als zu eben dem Zwecke vor ein paar hundert Jahren nöthig war. Unsere Vätter assen kalte Milch, Butter und Käse, genossen ihr Obst mit Freuden; jezt ist auch in den Bauernhütten des Siedens und Bratens kein Ende."*

Jung-Stilling liefert zum besseren Verständnis seiner Anmerkungen eine anschauliche Darstellung der Geschichte des Siegerlandes:[13]

> *„Vor einigen hundert Jahren war dieses Land kaum den dritten Theil so stark bewohnt als jezo. Grose und weitläufige Wälder und Gebüsche, hier und dort ein Raubschloß, zerstreute einzelne Bauerhütten, ein paar Kirchdörfer und eine Hauptstadt machten den Staat aus... Damals nährten sich die Einwohner blos vom Acker-*

baue und der Viehzucht, und zogen so viel Leinen und Wolle, als sie zur Kleidung nöthig hatten. Man entdeckte unter der Hand wichtige und unerschöpfliche Eisen- und Stahlbergwerke, ergiebige Silber-, Kupfer- und Bleiminen. Nun entstand unter den Leuten Hoffnung, reich und vornehm zu werden. Diese Hoffnung ist die einzige Mutter der wahren Industrie. Der Landesherr war so sehr edeldenkend, überließe den Einwohnern alle Bergwerke, begnügte sich nur mit den Zehenden, und eben diese Staatsmaxime ist die wahre Ursache der Aufnahme dieses Landes gewesen: denn, hätte der Herr diese neue Entdeckungen zum Regale gemacht, so hätte kein Mensch mehr geschurft, und es wäre ferner nichts mehr entdekt worden; so aber spührete jeder Bauer bei jeder Gelegenheit nach glänzenden Steinen, und das Land ward voller Bergwerke. Dieser Umstand zog fremde arbeitsame Leute, Kohlbrenner, Bergleute, Schmelzer und Handwerker von allerhand Art ins Land; die Bevölkerung kam in Flor, Nahrung und Gewerbe kam in Aufnahme.“

Die Bergwerke benötigten aber immer mehr Holzkohle. Dadurch entstand im Siegerland ein Mangel an Holz, der nur durch eine wirtschaftliche Holzzucht und Sparsamkeit beim Holzverbrauch im häuslichen Bereich behoben werden konnte. Darüber hinaus war eine Getreideknappheit aufgetreten, die hohe Kosten für die Einführung von Getreide aus anderen Gegenden verursachte.

Die „Beschreibung der Nassau-Siegenschen Methode Kohlen zu brennen mit physischen Anmerkungen begleitet“ erschien 1779 in den „Bemerkungen der Kuhrpfälzischen physikalisch-ökonomischen Gesellschaft vom Jahre 1776“. Die Abhandlung enthält neben einer anschaulichen Darstellung der Köhlerei auch zahlreiche Hinweise auf die Landschaft und die Menschen des Siegerlandes. Jung-Stilling lernte diesen Gewerbezweig bereits während seiner Kindheit kennen, da er seinen Großvater, der Köhler war, häufig begleitete. Folglich konnte er bei der Abfassung seiner Beschreibung auf fundierte Kenntnisse und seine Erinnerung zurückgreifen.

Die Köhlerei stellte zur damaligen Zeit einen wichtigen Erwerbszweig des Siegerlandes dar; sie war eng mit dem dort ansässigen Eisengewerbe verknüpft, da die Eisenindustrie die Holzkohle für ihre Produktion benötigte.

Im Vorbericht zu seiner Abhandlung zählt Jung-Stilling die wichtigsten Stationen seines bisherigen Lebensganges auf, die zur Erlangung seiner Kenntnisse in den verschiedensten Gewerbebereichen beitrugen:[14]

„Vorzüglich war es ein Glück für mich, daß ich just nach und nach ein Gewerb mit allen seinen Zweigen kennen lernte. Im Nassauischen sind die ergiebigsten Eisen- und natürliche Stahlbergwerke,

ich bin da geboren und sah die Erze bearbeiten, ausfördern, rösten und schmelzen. Unter den Kohlbrennern erzogen, wußte ich auch diese Kunst (eine Kunst ist es wirklich), das Roheisen und Rohstahl sah ich zu Stäben schmieden, eben dieses Roheisen sah ich im Märkischen zu Osemund und Draht verarbeiten. Eben das Nassauische Stabeisen sah ich im Bergischen zum Schiffbaue in kleineren Hämmern zurichten sieben ganzer Jahre lang; wiederum dieses Eisen und Stahl sah ich in Remscheid zu unzähligen kleinen Hausgeräten umschaffen, und aus eben diesem Nassauischen Eisen und Stahle werden in dem weltberühmten, mir jetzt nah benachbarten Solingen die mancherlei Arten von Waffen und schneidenden Werkzeugen zubereitet. In hiesigen Gegenden wird mehrenteils alles mit Steinkohlen gewärmet und verarbeitet; auch dieser ihre Güte und Beschaffenheit habe ich kennengelernt, und da ihre Heimat nahe bei uns ist, so ist auch Gelegenheit genug vorhanden, das Nötige davon zu wissen."

Einleitend vermittelt Jung-Stilling dem Leser einen ersten Eindruck von der Landschaft seiner Heimat:[15]

„Eine Reihe ziemlich hoher Gebirge scheidet das Fürstentum Nassau-Siegen von den Grafschaften Wittgenstein und Berlenburg; in diesen Gebirgen, welche aus lauter Hochwald bestehen, liegen kleine Dörfer hier und da zerstreuet, welche in den Tälern ihre schönen Wiesen, längs den Füssen der Berge hin aber ihre Gärten und Felder haben."

Seine weitreichenden Erfahrungen auf dem Gebiet der Köhlerei belegt Jung-Stilling in seiner Lebensgeschichte:[16]

„In diesen meinen Jugendjahren nun bis ins dreiundzwanzigste meines Alters habe ich die schönste Gelegenheit gehabt, erstlich die Kohlbrennerei genau und praktisch kennen zu lernen. Ich war wißbegierig, und mein Großvater ganz zum Erzählen und Unterrichten aufgelegt; alles prägte sich tief meiner Seelen ein, und noch jetzt ists mir, als wenn ich alles erst gestern gesehen hätte."

Er beschreibt detailliert und anschaulich den Aufbau eines Kohlenmeilers: die Anordnung des Holzes und die aus kurzen Ästen, Gras, Moos und Erde bestehende Abdeckung des Kohlenmeilers. Jung-Stilling geht auf die Holzarten ein, die für die Köhlerei genutzt werden: Holzkohle wird zwar aus allen im Siegerland heimischen Gehölzen gewonnen, charakteristisch ist jedoch die aus Buchen gebrannte Holzkohle. Er erläutert das Anzünden des Kohlenmeilers und die für den Brennvorgang benötigte

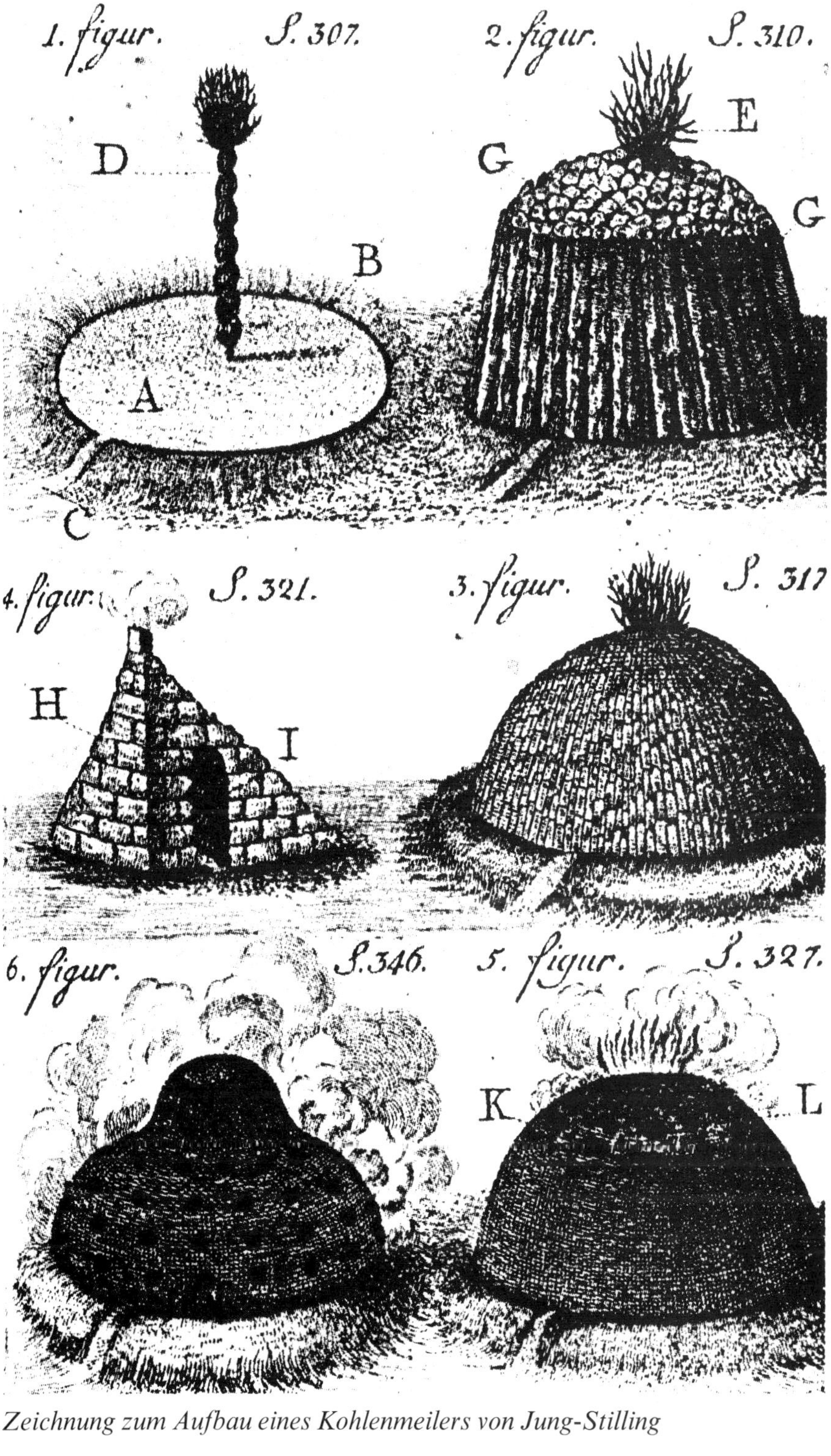

Zeichnung zum Aufbau eines Kohlenmeilers von Jung-Stilling

Feuerung. Die Probleme, die aufgrund der inneren Beschaffenheit eines Kohlenmeilers oder durch äußere Einflüsse auftreten können, sowie die Vorgehensweise zur Beseitigung von Störungen sind ebenfalls Gegenstand der Abhandlung. Die Ausführungen werden durch einige Abbildungen ergänzt, die einen Kohlenmeiler in verschiedenen Phasen zeigen.

Jung-Stilling liefert in seiner mit dichterischem Schwung verfaßten Beschreibung eine realistische Darstellung der Siegerländer Köhlerei im 18. Jahrhundert. Die Bedeutung der Holzkohle für das Nassau-Siegensche Fabrikwesen kommt in der Abhandlung deutlich zum Ausdruck.

Daneben wird auch bereits Jung-Stillings wirtschaftswissenschaftliches Interesse sichtbar. In einer staatswirtschaftlich orientierten Anmerkung setzt er sich dafür ein, daß ein Teil des Ertrags, den ein staatliches Gut erwirtschaftet, dem Bewirtschaftenden zugute kommen sollte, um Leistungsanreize zu schaffen. Dieses Prinzip sei im Siegerländer Köhlereigewerbe bereits verwirklicht: Die Köhler bekommen für die Holzkohle, die sie aus staatlichen Wäldern erzielen, einen bestimmten Lohn pro Mengeneinheit, wodurch sie zu einer vermehrten Produktion angeregt werden.

Jung-Stilling läßt in seine Abhandlung auch seine ganz persönlichen Eindrücke und Gefühle einfließen, die er mit der Köhlerei in seiner Heimatgemeinde verbindet:[17]

> *„Keine seligere Zeit habe ich erlebt und werde sie in dieser Welt nie wieder erleben, als jene, wo ich mit meinem ehrwürdigen Großvater in einer solchen Kohlhütte schlief. Die einsame, ungekünstelte freie Natur, kein durch Menschenhände entweihter Gegenstand, Wald, lauter grüner Wald, zuweilen ein grüner Platz und kristallene Quelle, Wasser, wie in Eden quoll. Dann düstere Gebüsche, dann Riesenbäume, unter welchen man frei wandeln konnte, überall heilige Stille und feierliches Dunkel, nur die hohe Nachtigall modelt ihre kurzen Absätze."*

Eine Darstellung der Siegerländer Eisenindustrie ist im Jahrgang 1777 der „Bemerkungen der Kuhrpfälzischen physikalisch-ökonomischen Gesellschaft" unter dem Titel „Geschichte des Nassau-Siegenschen Stahl- und Eisengewerbes" erschienen. In dieser Abhandlung schildert Jung-Stilling sorgfältig den damaligen Zustand des Siegerländer Stahl- und Eisengewerbes aufgrund eigener Beobachtungen. Darüber hinaus erhielt Jung-Stilling sachkundige Informationen von seinem Onkel Johann Heinrich Jung, einem begabten Mathematiker, Landmesser und Erfinder von Bergwerksmaschinen, der 1786 als Nassau-Oranischer Oberbergmeister starb. Jung-Stilling greift in seiner Abhandlung „Geschichte des Nassau-Siegenschen Stahl- und Eisengewerbes" das Thema seiner Promotionsschrift aus dem Jahre 1772 wieder auf.

Die Eiserfelder Hütte (bereits 1463 urkundlich erwähnt)

Das Siegerländer Eisen- und Stahlgewerbe trug auch zum Wohlstand in den benachbarten Provinzen bei. Aus der damaligen Grafschaft Wittgenstein und einem Teil von Westfalen wurden Kohlen für die Siegerländer Eisenindustrie geliefert. Die in Westfalen ansässigen Fuhrleute transportierten das Siegerländer Eisen und den Stahl zur Weiterverarbeitung in die benachbarten Gegenden.

Jung-Stilling beschreibt die Erfindungen seines Onkels, die dieser in den von ihm verwalteten Bergwerken zum Einsatz brachte. Eine Maschine zur Förderung des gewonnenen Erzes konnte die Arbeit der Bergleute wesentlich erleichtern. Die Gewinnung von Erzen aus tiefergelegenen Stollen ermöglichte Johann Heinrich Jung durch den Bau einer Pumpe, mit deren Hilfe das Wasser aus der Grube befördert werden konnte.

Im Siegerland existierte eine Regelung, nach der die Schmelzöfen nur im Herbst betrieben werden durften, da man befürchtete, daß die Erzvorkommen in absehbarer Zeit aufgebraucht sein könnten und der Preis des Eisens und Stahls durch ein Überangebot gedrückt würde. Daneben sorgten sich die zuständigen Beamten um die Holzkohle, die in ausreichender Menge für den Betrieb der Schmelzöfen benötigt wurde.

In seiner Abhandlung bezieht Jung-Stilling kritisch Stellung zu dieser Regelung: Er weist darauf hin, daß die Armut im Siegerland durch eine derartige massive Einschränkung eines wichtigen Gewerbezweiges nicht überwunden werden könne.

Jung-Stilling setzte sich in seinen Aufsätzen über die Siegerländer Gewerbezweige für eine fortschreitende wirtschaftliche Entwicklung seiner Heimat ein, mit der er auch in späteren Jahren verbunden blieb.

Arbeitszimmer Jung-Stillings im Jung-Stilling-Haus, Grund bei Hilchenbach (heute)

Professor der Kameralwissenschaften in Kaiserslautern und Heidelberg

Die Aufgabe der mittlerweile finanziell nicht mehr ausreichenden Arzttätigkeit zeichnete sich für Jung-Stilling im Frühjahr 1778 durch die Aussicht auf eine Professur an der kurpfälzischen Kameralhochschule zu Kaiserslautern ab. Schon während der Anfangsjahre in Wuppertal-Elberfeld unterhielt er eine Verbindung zu dem Mannheimer Mediziner und Regierungsrat Friedrich Casimir Medicus, der in Kaiserslautern eine Bienengesellschaft gegründet hatte, aus der im Jahre 1769 die Kurpfälzische physikalisch-ökonomische Gesellschaft hervorging.

Jung-Stillings Abhandlungen, die in den periodisch erschienenen Sammelbänden „Bemerkungen der Kuhrpfälzischen physikalisch-ökonomischen Gesellschaft" abgedruckt wurden, fanden unerwarteten Beifall; die Gesellschaft ernannte ihn alsbald zu ihrem Mitglied.

An die Kurpfälzische physikalisch-ökonomische Gesellschaft gliederte sich nach und nach die Kameral-Hohe-Schule zu Kaiserslautern als erstes Institut dieser Art an. Da Friedrich Casimir Medicus eine Ausweitung der

Tätigkeit dieser Verwaltungshochschule anstrebte, schlug er dem Kurfürsten Karl Theodor vor, Jung-Stilling als Professor für Landwirtschaft, Technologie, Handlung und Vieharzneikunde zu berufen.

Als Jung-Stilling von diesem Vorschlag hörte, war er sofort für den neuen Beruf begeistert: Ihm wurde bewußt, daß viele seiner bisherigen Lebensstationen ihn bereits auf seinen neuen Wirkungskreis vorbereitet hatten.[18] Die Fächer, die er in Kaiserslautern lehren sollte, hatte er größtenteils anhand praktischer Erfahrungen kennengelernt:

- Schon in seiner Heimat wurde er mit der Land- und Forstwirtschaft vertraut: Jung-Stilling war auf dem Land aufgewachsen und mußte selbst in der elterlichen Landwirtschaft mitarbeiten. Als Schneider und Dorfschullehrer lernte er im täglichen Umgang mit den Bauern all ihre Probleme kennen. Bereits während seiner Kindheit gewann er einen detaillierten Einblick in das Forstwesen, da er seinen Großvater häufig zur Köhlerei in die heimatlichen Wälder begleitete.
- Die Fragen des Gewerbes kannte Jung-Stilling aus eigener Erfahrung besonders gut: In seiner Jugend arbeitete er selbst immer wieder als Handwerker. Er lernte die in seiner Siegerländer Heimat ansässige Eisenindustrie kennen. Sein besonderes Interesse an diesem Gewerbezweig bekundete er dadurch, daß er die Eigenarten der Siegerländer Eisenverhüttung zum Gegenstand seiner Dissertation in Straßburg machte.
- Mit Problemen des Handels wurde Jung-Stilling durch seinen väterlichen Dienstherrn Flender in Radevormwald konfrontiert: Dieser übertrug ihm die Verwaltung seiner Güter und Hammerwerke. In dieser Eigenschaft hatte Jung-Stilling den Einkauf von Rohstoffen und den Verkauf der fertigen Erzeugnisse abzuwickeln.
- Kenntnisse in den zum Verständnis der Staatswirtschaftslehre als notwendig erachteten Hilfswissenschaften wie Physik, Chemie und Naturgeschichte erwarb Jung-Stilling bereits in Straßburg, da diese Fächer im Rahmen eines Medizinstudiums unentbehrlich waren. Während seines Studiums übernahm er sogar selbst eine Grundvorlesung in Chemie. Eine besondere Vorliebe hatte er seit seiner Jugend für die Mathematik. Fundiertes Wissen auf diesem Gebiet erarbeitete er sich durch ein Selbststudium.
- Schließlich gewann er Einblick in zahlreiche Arten von Fabriken während seiner siebenjährigen Arzttätigkeit im frühindustriellen Wuppertal.

Jung-Stilling begann sofort mit der Vorbereitung auf seine neue Lehrtätigkeit. Als Professor der Ökonomie und der Kameralwissenschaften sollte er auf einem noch wenig bearbeiteten Gebiet tätig werden, das ihm viel Raum für eigene Forschungstätigkeit ließ. An die kurpfälzische Kameralhochschule waren bereits zwei Professoren berufen worden: Professor Sukow lehrte die Hilfswissenschaften, nämlich Mathematik, Naturgeschichte, Physik und Chemie, während Professor Schmid Natur- und Völkerrecht, Polizei- und Finanzwissenschaft sowie Staatswirtschaft vortrug.

Aus der ärztlichen Praxis hatte sich Jung-Stilling fast völlig zurückgezogen, als ihn im Herbst 1778 die Nachricht erreichte, daß die Kameralhochschule nach Mannheim verlegt werden solle und sich damit die Aussicht auf eine Professur zerschlug. Daraufhin nahm er seine Tätigkeit als Mediziner wieder auf. Einige Wochen später erhielt er jedoch seine Berufung und zog mit seiner Familie im Oktober 1778 nach Kaiserslautern.

Da die Kameralwissenschaft, die Jung-Stilling in Kaiserslautern zu lehren hatte, als relativ junge Wissenschaft noch nicht systematisch erfaßt war, versuchte er, diese Fachrichtung mit seinem ersten staatswirtschaftlichen Werk „Versuch einer Grundlehre sämmtlicher Kameralwissenschaften" umfassend darzustellen. Er arbeitete während der ersten Monate in Kaiserslautern an diesem Lehrbuch, das er in Regierungs- und Produktionswissenschaften unterteilte. Bereits im Winter 1778 begann er mit der Vorlesungstätigkeit auf der Grundlage seines Manuskripts für das Lehrbuch. Erschienen ist die Grundlehre im Frühjahr 1779 in Kaiserslautern.

Jung-Stilling lehrte im Sommersemester Forstwirtschaft, Landwirtschaft und Technologie. Zu forstwirschaftlichen Vorlesungen war er nicht verpflichtet, er hielt sie jedoch für unentbehrlich in der Ausbildung von staatswirtschaftlichen Beamten. Im Wintersemester las er Rechnungswesen, Handlungswissenschaft, Vieharzneikunde und Gewerbepolizei.

Geeignete Leitfäden für seine Vorlesungen waren nicht vorhanden, so daß er sich entschloß, Lehrbücher für alle Fächer zu schreiben, die er zu lehren hatte, darunter ein Lehrbuch der Landwirtschaft und ein Lehrbuch der Forstwirtschaft.

Jung-Stilling verstand seine ersten staatswirtschaftlichen Veröffentlichungen als Rohentwürfe, in denen er sein Lehrgebäude grob darstellen wollte, um eine Grundlage für seine Vorlesungen zu haben. Später wollte er das gesamte System detailliert herausarbeiten.[19]

Die Eile in der Publikation seiner ersten Werke begründete er damit, seine Fähigkeiten in den Kameralwissenschaften öffentlich unter Beweis zu stellen, da er befürchtete, als Arzt in seinem neuen Beruf als Professor der Kameralwissenschaften nicht ausreichend anerkannt zu werden.[20]

Solche Befürchtungen erwiesen sich als unbegründet. Die Aufnahme seiner Werke in der damaligen Fachwelt war ausgezeichnet.

Im Jahre 1781 starb seine seit längerer Zeit kränkelnde Frau Christine im Alter von 30 Jahren. Bereits ein Jahr später heiratete er wieder. Aus seiner zweiten Ehe mit Selma von St. George gingen neun Kinder hervor, von denen jedoch nur die Töchter Lisette und Caroline das Erwachsenenalter erreichten.

Da Jung-Stilling die Fächer, die er in Kaiserslautern zu lehren hatte, nicht mehr genügten, kam ihm die Vereinigung der Kameralhochschule mit der Universität von Heidelberg sehr gelegen.

1784 übersiedelte er nach Heidelberg. Ihm wurde der Titel eines kurfürstlichen Hofrats verliehen. In Heidelberg versuchte er, alle Teilgebiete seiner Wissenschaft zu systematisieren. Sein ungeheurer Fleiß weckte bei seinen Berufskollegen Mißtrauen; sie hatten Angst, von ihrem neuen Kollegen in den Schatten gestellt zu werden.

In Heidelberg schrieb Jung-Stilling im Jahre 1785 seinen „Versuch eines Lehrbuchs der Fabrikwissenschaft“ und ein „Gemeinnütziges Lehrbuch der Handlungswissenschaft für alle Klassen von Kaufleuten und Handlungsstudirenden“. In den Jahren 1785 und 1787 erschien sein „Lehrbuch der Vieharzneykunde“ in zwei Bänden. Von besonderer Bedeutung war seine Veröffentlichung des kameralistischen Buchhaltungssystems in seiner „Anleitung zur Cameral-Rechnungs-Wissenschaft nach einer neuen Methode des doppelten Buchhaltens“ (1786).

Die Schwierigkeiten mit seinen Kollegen bedrückten Jung-Stilling sehr. Das Verhältnis zu seinen Studenten war freundschaftlich. Bei den Bürgern erfreute er sich großer Achtung, nicht zuletzt wegen seiner vielfach unentgeltlichen Augenstaroperationen. Die Jahre seiner Lehrtätigkeit in Kaiserslautern und in Heidelberg beschreibt Jung-Stilling ausführlich in „Henrich Stillings häusliches Leben“.

Henrich Stillings

häusliches Leben.

Eine wahrhafte Geschichte.

Berlin und Leipzig 1789,
bey Heinrich August Rottmann,
Königl. Hofbuchhändler.

Im Herbst 1786 feierte die Universität Heidelberg ihr 400jähriges Jubiläum. Der zum Doktor der Medizin promovierte Jung-Stilling wurde in Heidelberg nach einer in lateinischer Sprache gehaltenen Inauguralrede auch Doktor der Philosophie. Am Tage darauf beauftragte ihn die Staatswirtschaftliche Schule mit der Festtagsrede. Seine am 7. November 1786 in deutscher Sprache gehaltene „Jubelrede über den Geist der Staatswirthschaft" wurde von den Zuhörern mit großer Begeisterung aufgenommen.

Berufung an die Universität Marburg

Im Februar 1787 erhielt Jung-Stilling durch den Landgrafen Wilhelm IX. von Hessen-Kassel seine förmliche Berufung an die im Jahre 1527 von dem 23jährigen Landgraf Philipp dem Großmütigen gegründete erste protestantische Universität der Welt, an die Philippina genannte Universität von Marburg. Die Philippina war in der Zeit vor der Berufung Jung-Stillings 25 Jahre lang sehr vernachlässigt worden. Erst nach dem Regierungsantritt Wilhelms IX. wurde sie wieder stärker gefördert. Die Bemühungen zur Verbesserung des Rufes der Universität erstreckten sich zuerst auf die Bereiche Medizin und Naturwissenschaften, aber auch für die Ökonomie sollten neue Lehrstühle geschaffen werden.[21]

Einen dieser Lehrstühle erhielt Jung-Stilling, der als „ordentlicher Lehrer der Ökonomie-, Finanz- und Kameralwissenschaften" nach Marburg berufen wurde.

Marburger Universität vor dem Umbau

Am 4. Juli 1787 hielt er eine feierliche „Antrittsrede über den Ursprung, Fortgang und die Lehrmethode der Staatswirthschaft".

Jung-Stilling begann seine wissenschaftliche Tätigkeit in Marburg mit der Überzeugung, die Erfüllung seiner Wünsche erreicht zu haben. Er bemühte sich, in seinem Lehramt die größtmögliche Leistung zu erbringen.[22]

Der Wissenschaftler

In Marburg konnte er sich seinen Wunsch erfüllen, alle Fächer seiner Wissenschaft zu lehren. Da ihm die Ökonomie-, die Finanz- und die Kameralwissenschaften übertragen wurden, konnte er seine bisherigen Entwürfe zu einem geschlossenen System verarbeiten und aufbauen, ohne seine Kompetenzen zu überschreiten und ohne das Mißtrauen seiner Kollegen zu erregen.

Seine Vorlesungen erstreckten sich neben den eigentlichen Kameralwissenschaften auf Land- und Forstwirtschaft, auf Berg- und Hüttenwesen, auf Technologie sowie auf Handlungs-, Polizei- und Finanzwissenschaft, die er alle während eines Jahres vortragen wollte.

Jung-Stilling, der vor seinem Wirken in Marburg bereits acht Lehrbücher geschrieben hatte, kann auch in Marburg als außerordentlich fleißiger Dozent, Lehrbuchautor und Schriftsteller bezeichnet werden. Er schrieb im Laufe seines Lebens über 50 Bücher und verfaßte zahlreiche Aufsätze.

In Marburg schrieb er 1789 ein „Lehrbuch der Finanz-Wissenschaft", das er im Vorwort als rohen Entwurf bezeichnete. Das Buch unterteilte er in die Abschnitte Theorie und Praxis. Die Theorie umfaßt das Finanzsystem, die Praxis umfaßt die Finanzierungsquellen für ordentliche und außerordentliche Aufwendungen.

1790 folgte ein „Lehrbuch der Cameral-Wissenschaft oder Cameral-Praxis", in dem die Kameralpraxis in die Bereiche Bergwerke, Forstwirtschaft, Landwirtschaft, herrschaftliche Fabriken, Polizei und allgemeine Kameralpraxis aufgeteilt wurde.

Das letzte bedeutende wirtschaftswissenschaftliche Werk Jung-Stillings ist „Die Grundlehre der Staatswirthschaft". Diese Publikation aus dem Jahre 1792 gibt einen Überblick über das gesamte Gebiet der Staatswirtschaft, die nach seiner Auffassung die Grundsätze zu formulieren hat, wie das Geschäft der Regierenden zum Besten der Regierten ausgeführt werden kann. Gegenstand dieser Wissenschaft war der Wohlfahrtsstaat.[23]

Die Kameralwissenschaft ist nach Auffassung Jung-Stillings nur ein Teilbereich der Staatswirtschaft, die für die Verwaltungsbeamten – die

Kameralisten – von Bedeutung ist, während die Staatswirtschaft im eigentlichen Sinne auch von Juristen beherrscht werden muß.

Jung-Stilling unterscheidet in seiner Grundlehre zwei Wirkungskreise: für die Untertanen die Gewerbewissenschaften, bestehend aus Produktion, Fabrikation und Handel, für die regierende Gewalt die Regierungswissenschaften oder Politik, bestehend aus den Bereichen Staatspolizei, Finanzwirtschaft und Nomokratie, wobei unter dem nomokratischen System die ideale, anzustrebende Staatsform verstanden wird.[24]

Jung-Stilling hat sich um die Entwicklung der Wirtschaftswissenschaften in Marburg verdient gemacht. Zur Festigung der Stellung dieser Wissenschaft wurde die Errichtung einer kameralistischen Fakultät vorgeschlagen, was jedoch von den meisten Dozenten abgelehnt wurde, und zwar mit dem Argument, daß auch andere Universitäten mit der Einrichtung kameralwissenschaftlicher Fakultäten keine Verbesserung der Gesamtsituation erreicht hätten.

Der entscheidende Vorschlag für die zukünftige Stellung der Nationalökonomie kam von Jung-Stilling. Er empfahl die Bildung eines staatswirtschaftlichen Instituts innerhalb der philosophischen Fakultät. Einige Dozenten sollten zu einer staatswirtschaftlichen Gesellschaft zusammentreten, um die Belange des kameralistischen Studiums zu fördern.

Der Vorschlag fand Beachtung. Im September 1789 wurde das Staatswirtschaftliche Institut (Institutum Oeconomico Politicum) errichtet. Am 13. Mai 1790 hielt Jung-Stilling die Eröffnungsrede des Staatswirtschaftlichen Instituts. Das Amt des Vorstehers wechselte jährlich unter den ordentlichen Mitgliedern. Jung-Stilling war in den Jahren 1795 und 1802 Vorsteher des Staatswirtschaftlichen Instituts.[25]

Im Mai 1790 starb seine zweite Frau Selma. Um die Führung seines großen Haushalts gewährleisten zu können, heiratete er noch im selben Jahr die Tochter des Marburger Theologieprofessors Johann Franz Coing, Elise Coing. Aus dieser Ehe gingen vier Kinder hervor, die Töchter Lubecka, Amalie Sophie und Christine sowie der Sohn Friedrich.

Arzt, Wohltäter und Denker

Jung-Stilling hatte während seines gesamten Lebens finanzielle Schwierigkeiten. Er führte einen großen, zeitweise 15 Personen umfassenden Haushalt und war sehr freigiebig gegenüber den Minderbemittelten unter seinen Verwandten. Auch Fremden gewährte er finanzielle Hilfe, da es ihm schwerfiel, eine Bitte abzuschlagen. Durch seinen starken Glauben und sein unerschütterliches Gottvertrauen verzweifelte er nie, sondern hoffte auf Hilfe in den schwierigsten Situationen seines Lebens.

Er reiste ständig zu Augenkranken im In- und Ausland, konnte aber kaum Einnahmen erzielen, da er die Operationen meist kostenlos durchführte. Diese rege Reisetätigkeit hielt ihn oft von seiner Lehrtätigkeit in Marburg fern, wodurch er Zuhörer seiner Vorlesungen verlor.

In dieser Zeit trat Jung-Stillings religiöses Sendungsbewußtsein wieder stärker in den Vordergrund. Er sah seine Aufgabe darin, in den Dienst Gottes zu treten.

Während der vergangenen Jahre war er durch das Studium der Leibniz-Wolffschen Philosophie mit den Gedanken des Determinismus konfrontiert worden, der die Begegnung zwischen Gott und Mensch als ein freies Glaubensleben verneinte und statt dessen von einem zwangsläufigen, determinierten Weltablauf nach Art eines Naturgesetzes ausging.

Durch die Lektüre von Immanuel Kants „Kritik der reinen Vernunft" und durch den regen Briefwechsel mit Kant[26] befreite sich Jung-Stilling von den Zweifeln des Determinismus, den er als schwerste innere Anfechtung empfand. Er sah mit Kant eine Bestätigung dafür, daß eine Erkenntnis der Gegenstände der transzendenten Welt allein dem Glaube zuzuschreiben ist und nicht der menschlichen Vernunft, was ihm Zuversicht für seine theologischen Überlegungen gab.

Der große Königsberger Philosoph Kant gab Jung-Stilling auf dessen Fragen die beruhigende Antwort:[27]

> *„Auch darinnen tun Sie wohl, daß Sie Ihre einzige Beruhigung im Evangelio suchen, denn es ist die unversiegbare Quelle aller Wahrheiten, die, wenn die Vernunft ihr ganzes Feld ausgemessen hat, nirgends anders zu finden sind."*

Revolution: Zeit der Versuchung

Der Drang zur religiösen Schriftstellerei läßt sich auch durch den Ausbruch und Fortgang der Französischen Revolution erklären, wodurch Jung-Stilling stark beeindruckt wurde. Er sah in ihr eine Folge der Aufklärung, die zu einer Destruktion der biblischen Glaubenslehre führe. In diesem Zusammenhang schrieb er 1793/94 seine „Gedanken über den Revolutionsgeist unserer Zeit". Diese Zeit empfand er als eine Zeit der „Versuchung", in der es gelte, die Gläubigen stärker zusammenzuführen.

Vor diesem Hintergrund sind die bedeutenden Schriften seiner Marburger Zeit zu verstehen, die bei seinen Lesern einen tiefen Eindruck hinterließen und ihn über die Grenzen Hessens und Deutschlands hinaus bekannt machten.

Zu den Schriften dieser Zeit gehören insbesondere der Roman „Heimweh“, 1794 entstanden, die „Scenen aus dem Geisterreiche“ (1797), die „Siegesgeschichte der christlichen Religion“ aus dem Jahre 1799 und „Der Graue Mann“, eine in mehreren „Stücken“ von 1795-1816 erschienene erbauliche Volkszeitschrift, wobei hinter der Gestalt des Grauen Mannes das Bild des unbekannten Christus steht.

Der

Graue Mann

eine

Volksschrift.

Herausgegeben

von

Dr. Johann Heinrich Jung

Hofrath und Professor in Marburg

sonst auch

Heinrich Stilling

genannt.

Erstes Stück.

Nürnberg,

im Verlag der Raw'schen Buchhandlung.

1795.

„Heimweh“

Der Roman „Heimweh“, dessen Vorbild ein berühmtes Werk der englischen Erbauungsliteratur war, nämlich die „Pilgerreise“ von John Bunyan, erhielt starken Beifall aus allen Bevölkerungskreisen.

Das Motiv des Werkes ist das Heimweh des Menschen nach seiner himmlischen Heimat. Der Roman zeigt den Bekehrungsweg des Christen in dem Bild einer Reise. Auf der Reise durch die Welt finden Begegnungen und Kämpfe mit Persönlichkeiten statt, deren Namen bereits ihre Bedeutung kennzeichnen.

Das „Heimweh“ ist nur äußerlich ein Roman, es enthält visionäre Elemente, die es in den Bereich der mystischen Literatur bringen – ein Ergebnis von Meditation und Intuition.

Jung-Stillings Grundgedanke ist das Vordringen der christlichen Kirche vom Osten in den Westen, die aber auf diesem Weg eine Entmachtung erfahren hat. Er sieht in der Französischen Revolution eine antichristliche Bewegung, die die vollkommene Säkularisation der Gesellschaft anstrebt.

Scenen

aus dem

Geisterreiche

von

Heinrich Stilling.

Erster Band.

Dritte vermehrte und verbesserte Auflage.

In meines Vaters Hause sind viele Wohnungen.

Stuttgart,

bei Friedrich Uebel.

1806.

Deshalb muß sich seiner Meinung nach eine endzeitliche Bewegung formieren, die die Christen aus allen Ländern in die östliche Heimat zurückführt.[28]

Eine wichtige Rolle dabei kommt Zar Alexander I. zu, der auf Jung-Stillings Roman aufmerksam wurde und anläßlich seines Aufenthalts in Bruchsal im Jahre 1814 religiöse Gespräche mit dem Autor führte.[29]

Ein Versuch, das Schicksal verschiedener Persönlichkeiten nach dem Tod zu beschreiben, stellen seine „Scenen aus dem Geisterreiche" dar. Es werden visionäre Bilder von der Weiterentwicklung der menschlichen Persönlichkeit zum Guten oder Bösen gezeichnet. Jung-Stilling geht auch auf die Frage nach der Art des Weiterlebens nach dem Tod ein, beispielsweise auf die Fortdauer von menschlichen Beziehungen, die während des irdischen Lebens geknüpft wurden.[30]

Die „Siegesgeschichte der christlichen Religion" ist eine prophetische Auslegung der Johannes-Apokalypse. Jung-Stilling deutet die großen politischen und religiösen Erschütterungen seiner Zeit als Ereignisse, die sich in den letzten Gestalten und Tieren der Johannes-Apokalypse wiederfinden.

Abschied von Marburg

Die wachsende Beschäftigung Jung-Stillings mit religiöser Schriftstellerei führte zu einer Entfremdung von seinem akademischen Beruf und von seinen Kollegen. Auch er blieb nicht von den zu jener Zeit in Marburg allgemein rückläufigen Studentenzahlen verschont und empfand diese Situation als bedrückend.

Jung-Stilling nahm 1796 seinen kranken Vater in seinem Haus in Marburg auf, der von Jung-Stillings Frau Elise bis zu dessen Tod im Jahre 1802 gepflegt wurde.

Durch die verschiedenen Tätigkeiten von Jung-Stilling kam es oft zu Überschneidungen seiner professoralen, geistlichen und ärztlichen Verpflichtungen, was zu Konflikten führte.

Zu einer klärenden Entscheidung führte ein durch den hessischen Landgrafen im Jahre 1803 erlassenes Zensurreskript, welches vorschrieb, daß jeder Schriftsteller seine Schriften vor einer Veröffentlichung dem zuständigen Dekan zur Prüfung vorzulegen hatte. Als sich herausstellte, daß Jung-Stillings Zeitschrift „Der Graue Mann" der Grund für die Verfügung war, verließ er Marburg, nachdem er zuvor eine Einladung des badischen Kurfürsten und späteren Großherzogs Karl Friedrich nach Heidelberg bekommen hatte, der ihm ein freies Gehalt anbot, wobei er ungehindert seine religiöse Schriftstellerei ausüben konnte.

Jung-Stilling verließ Marburg in einer versöhnlichen Haltung. Die gesamte Marburger Bevölkerung trauerte über seinen Fortgang. Seine Marburger Zeit hat er ausführlich in der Fortsetzung seiner Selbstbiographie, dem 1804 erschienenen Teil „Heinrich Stillings Lehr-Jahre", beschrieben.

Heinrich Stillings

Lehr-Jahre.

Eine wahrhafte Geschichte.

Mit dem sehr ähnlichen Bildniß des Verfassers von H. Lips in Zürich.

Berlin und Leipzig 1804,
bey Heinrich August Rottmann,
Königl. Hofbuchhändler.

Die letzten Jahre in Heidelberg und Karlsruhe

Die erste direkte Begegnung zwischen Jung-Stilling und dem Kurfürsten und späteren Großherzog Karl Friedrich von Baden fand 1801 in Karlsruhe statt. In den vorausgegangenen Jahren war bereits ein reger Briefwechsel zwischen den beiden Persönlichkeiten entstanden, dessen Ursache Jung-Stillings Roman „Heimweh" war. Durch die Berufung Jung-Stillings in den Dienst des Kurfürsten gestaltete sich die Beziehung noch enger. Der Kurfürst sah in ihm einen Berater und Freund, dessen Urteil er in wichtigen Fragen einholte.[31]

Seine zukünftige Aufgabe sah Jung-Stilling in der Fortsetzung seiner Augenstaroperationen und in der Fortführung seiner religiösen Schriftstellerei. Im Rahmen seiner volksmissionarischen Tätigkeit wollte er erbauliche Schriften ausarbeiten und diese kostenlos „an das gemeine Volk" verteilen.[32]

Er wirkte 3 Jahre in Heidelberg als Geheimer Hofrat, bevor mit seiner Übersiedlung ins großherzogliche Schloß nach Karlsruhe im Jahre 1806 seine letzte Lebensperiode begann. Dort war er als persönlicher Berater des Großherzogs tätig und widmete sich seiner ausgiebigen Korrespondenz mit Christen aus aller Welt. Jung-Stilling schrieb und empfing jährlich rund 700 Briefe, von denen heute nur noch wenige erhalten sind.

In Karlsruhe lebte er bis zu seinem Tode am 2. April 1817, einen Monat nach dem Tod seiner dritten Frau Elise.

Heinrich Stillings
Alter.

Eine wahre Geschichte.

Oder

Heinrich Stillings Lebensgeschichte

Sechster Band.

Herausgegeben nebst einer Erzählung von

Stillings Lebensende

von dessen Enkel Wilhelm Schwarz,
Doct. d. Philos. u. Candid. d. Theol.

Hierzu ein Nachwort von
Dr. F. H. C. Schwarz, Großherzogl. Bad.
Kirchenrath, Prof. d. Theol. zu Heidelberg.

Heidelberg,
bey Mohr und Winter.
1817

Ein Teil von Jung-Stillings Familie war auch ins badische Großherzogtum übergesiedelt.

Seine älteste Tochter Hanna (1773-1826) heiratete in Marburg den Prediger Friedrich Wilhelm Christian Schwarz. Die Familie lebte später mit ihren 10 Kindern in Heidelberg, wo Schwarz als Großherzoglich Badischer Kirchenrat und Professor der Theologie wirkte. Er gab im Jahre 1817 den 6. Band der Lebensgeschichte, „Heinrich Stillings Alter", heraus. Sein Sohn Wilhelm Schwarz, Jung-Stillings ältester Enkel, fügte eine Beschreibung von Stillings Lebensende hinzu.

Jacob (1774-1846), der älteste Sohn Jung-Stillings, heiratete Amalie Coing, eine Schwester von Jung-Stillings dritter Frau Elise. Die Familie lebte mit sechs Kindern in Rastatt. Jacob Jung war später Oberhofgerichtsrat in Mannheim.

Caroline (1787-1821), Jung-Stillings Tochter aus zweiter Ehe, leitete in Karlsruhe ein Töchterinstitut. Dort war seine Tochter Amalie Sophie (1796-1860) als Erzieherin tätig. Amalie Sophie wirkte auch als Erzieherin am Hof in Karlsruhe.

Jung-Stillings zweiter Sohn Friedrich (1795-1853) ging als Kameralist und Ökonom nach Rußland.

„Henrich Stillings Jugend“ im Siegerland

Im Jahre 1777 erschien der erste Teil der Lebensgeschichte von Johann Heinrich Jung-Stilling: „Henrich Stillings Jugend“. Die insgesamt sechsbändige Autobiographie beschreibt den ungewöhnlichen Lebensweg von Jung-Stilling, der als Sohn eines Schneiders und Enkel eines Köhlers und Bauern in dem kleinen Dorf Grund im Siegerland abgeschieden aufwuchs. Schon als Kind wurde seine reiche Begabung sichtbar, die die Grundlage bildete für seinen Aufstieg vom Schneidergesellen, Dorfschullehrer, Hauslehrer und kaufmännischen Verwalter bis hin zum berühmten Arzt, angesehenen Kameralisten, vielgelesenen Volksschriftsteller und schließlich zum Großherzoglich Badischen Hofrat.

Henrich Stillings

Jugend.

Eine

wahrhafte Geschichte.

Berlin und Leipzig,

bey George Jacob Decker.

1779.

Die Entstehung der Jugendgeschichte

Einen wichtigen Abschnitt für seine umfassende Bildung in weit auseinanderliegenden Wissensgebieten war das Medizinstudium in Straßburg. Dort lernte er neben den medizinischen Disziplinen auch bedeutende literarische Werke kennen.

Der Zufall führte Jung-Stilling gleich nach seiner Ankunft in Straßburg in das Kosthaus, in dem auch Johann Wolfgang Goethe, Johann Gottfried Herder, Franz Christian Lerse und Jakob Michael Reinhold Lenz ihre Mahlzeiten einnahmen. Auf diese Weise machte er die Bekanntschaft mit den jungen Vertretern des „Sturm und Drang".

Kennzeichnend für diese neue deutsche Literaturbewegung war eine Neubesinnung auf die Kraft des Volkes, die Rückkehr zur Natürlichkeit und eine Betonung der Gefühlselemente als Antwort auf die Einschränkung der Persönlichkeit durch die feudale Ständeordnung.[33] Die Abkehr von einer reinen Verstandeskultur und die Forderung nach einer ungehemmten Entfaltung der Individualität des Menschen prägten diese neue Weltanschauung, die von den Straßburger Studenten mitgetragen wurde.[34]

Jung-Stilling fühlte sich zu diesem Straßburger Kreis hingezogen, da er die Ideen der angehenden Schriftsteller bereits selbst gelebt hatte. Er war in einer bescheidenen, aber gefühlsbetonten Umgebung in einem abgelegenen, ländlichen Dorf aufgewachsen, in dem die Einheit von Mensch und Natur Realität war.[35]

Auch die Vertreter des „Sturm und Drang" empfanden eine Zuneigung zu dem angehenden Medizinstudenten, da sie in ihm das unverdorbene Naturkind aus dem Volke sahen.[36]

Eine besondere Freundschaft entwickelte sich zwischen Jung-Stilling und dem jungen Goethe, der in Straßburg Rechtswissenschaft studierte. In „Dichtung und Wahrheit" erinnert sich Goethe an den Medizinstudenten:[37]

> *„Unter den neuen Ankömmlingen befand sich ein Mann, der mich besonders interessirte; er hieß Jung, und ist derselbe, der nachher unter dem Namen Stilling zuerst bekannt geworden. Seine Gestalt, ungeachtet einer veralteten Kleidungsart, hatte, bey einer gewissen Derbheit, etwas Zartes. Eine Haarbeutel-Perücke entstellte nicht sein bedeutendes und gefälliges Gesicht. Seine Stimme war sanft, ohne weich und schwach zu seyn, ja sie wurde wohltönend und stark, sobald er in Eifer gerieth, welches sehr leicht geschah. Wenn man ihn näher kennen lernte, so fand man an ihm einen gesunden Menschenverstand, der auf dem Gemüth ruhte, und sich deswegen von Neigungen und Leidenschaften bestimmen ließ, und aus eben*

diesem Gemüth entsprang ein Enthusiasmus für das Gute, Wahre, Rechte in möglichster Reinheit. Denn der Lebensgang dieses Mannes war sehr einfach gewesen und doch gedrängt an Begebenheiten und mannigfaltiger Thätigkeit. Das Element seiner Energie war ein unverwüstlicher Glaube an Gott und an eine unmittelbar von daher fließende Hülfe, die sich in einer ununterbrochenen Vorsorge und in einer unfehlbaren Rettung aus aller Noth, von jedem Uebel augenscheinlich bestätige. Jung hatte dergleichen Erfahrungen in seinem Leben so viele gemacht, sie hatten sich selbst in der neuern Zeit, in Straßburg, öfters wiederholt, so daß er mit der größten Freudigkeit ein zwar mäßiges aber doch sorgloses Leben führte und seinen Studien auf's ernstlichste oblag, wiewohl er auf kein sicheres Auskommen von einem Vierteljahre zum andern rechnen konnte."

Beeindruckt von Jung-Stillings Schilderungen seiner Kindheit und Jugend im Freundeskreis, regte Johann Wolfgang Goethe ihn dazu an, seine Lebensgeschichte niederzuschreiben:[38]

„Unter wenigen, wenn auch nicht gerade Gleichgesinnten, doch solchen, die sich seiner Denkweise nicht abgeneigt erklärten, fand man ihn nicht allein redselig, sondern beredt; besonders erzählte er seine Lebensgeschichte auf das anmuthigste, und wußte dem Zuhörer alle Zustände deutlich und lebendig zu vergegenwärtigen. Ich trieb ihn, solche aufzuschreiben, und er versprach's."

Die schriftliche Abfassung der Jugendgeschichte fällt aber erst in das Jahr 1772.

Goethe charakterisiert seinen Freund Jung-Stilling in „Dichtung und Wahrheit":[39]

„Weil er aber in seiner Art sich zu äußern einem Nachtwandler glich, den man nicht anrufen darf, wenn er nicht von seiner Höhe herabfallen, einem sanften Strom, dem man nichts entgegenstellen darf, wenn er nicht brausen soll; so mußte er sich in größerer Gesellschaft oft unbehaglich fühlen. Sein Glaube duldete keinen Zweifel und seine Überzeugung keinen Spott. Und wenn er in freundlicher Mittheilung unerschöpflich war; so stockte gleich alles bey ihm, wenn er Widerspruch erlitt. Ich half ihm in solchen Fällen gewöhnlich über, wofür er mich mit aufrichtiger Neigung belohnte. Da mir seine Sinnesweise nichts Fremdes war und ich dieselbe vielmehr an meinen besten Freunden und Freundinnen schon genau hatte kennen lernen, sie mir auch in ihrer Natürlichkeit und Naivetät überhaupt wohl zusagte; so konnte er sich mit mir durchaus am besten finden. Die Richtung seines Geistes war mir angenehm und seinen Wunderglauben, der ihm so wohl zu Statten kam, ließ ich unangetastet."

Während seiner Studienzeit in Straßburg war Jung-Stilling Mitglied der „Gesellschaft der schönen Wissenschaften", einer lose organisierten Studentengruppe. Nachdem er im Frühjahr 1772 sein Medizinstudium mit der Promotion abgeschlossen hatte, ließ er sich in Elberfeld als Arzt nieder, wo er schon bald mit der Niederschrift seiner Jugendgeschichte begann und sie unter dem Titel „Heinrich Stillings Lebensgeschichte in Vorlesungen" stückweise an die „Gesellschaft der schönen Wissenschaften" in Straßburg sandte.[40]

Zwei Jahre später, am 22. Juli 1774, besuchte Goethe mit einigen Freunden Jung-Stilling in Elberfeld. Er nahm das Manuskript der Jugendgeschichte an sich und ließ es etwas abgeändert ohne Wissen des Verfassers drucken.[41]

Das Buch mit dem Titel „Henrich Stillings Jugend. Eine wahrhafte Geschichte" erschien 1777 bei George Jacob Decker in Berlin und Leipzig. Es enthält eine Schilderung der Heimat und der Familie des Verfassers. Die Geburt des Knaben, der frühe Tod der Mutter und die strenge Erziehung des Kindes bis zu seinem 11. Lebensjahr werden dargestellt. Die Erzählung endet mit der Beschreibung des Todes des Großvaters, der eigentlichen Hauptgestalt der „Jugend".

Da das Buch anonym erschien, wurden verschiedene Vermutungen über die Identität des Verfassers angestellt; in Weimar wurde sogar Goethe selbst für den Verfasser gehalten. Nachdem das Werk in Berlin eine sehr gute Kritik erhalten hatte, wurde bald bekannt, daß der Elberfelder Arzt Johann Heinrich Jung-Stilling „Henrich Stillings Jugend" verfaßt hatte und daß bei der Herausgabe Goethe mitgewirkt hatte.[42] [43]

Die erste deutsche Dorfgeschichte

Das Buch wurde alsbald ein großer Erfolg in allen Gesellschaftskreisen und machte den Verfasser berühmt. Hermann Hesse bezeichnete „Henrich Stillings Jugend" als das liebenswürdigste Stück vorgoethischer Prosa.[44] Friedrich Nietzsche zählte die Lebensgeschichte zu den vier besten und bleibend wertvollen Erzeugnissen der gesamten deutschen Prosaliteratur, die es verdienten, immer wieder gelesen zu werden.[45] Der große Literaturgeschichtler Vilmar zählt Jung-Stillings Jugendgeschichte zu den besten Werken der deutschen Literatur. Ferdinand Freiligrath verfaßte sogar ein Gedicht, in dem er die Eindrücke schildert, die das Buch auf ihn machte:[46]

„Als Knabe schon von Berg- und Hüttenmännern
Hab ich entzückt ein kleines Buch gelesen,

Es führte mich zu frommen Kohlenbrennern
Und ist ein herzig's kleines Buch gewesen,
Ein rechter Spiegel alter Bauerntugend,
Mit Namen hieß es: Heinrich Stillings Jugend.

Das war die erste deutsche Dorfgeschichte!
Die hat mit Lied, mit Mährchen und mit Sage,
Die hat in Einfalt und in eitler Schlichte,
Das Gold im Volke treu geschürft zu Tage,
Die ließ mich schau'n durch ihrer Meiler Schwelen
Im festen Umriß starke muth'ge Seelen.

Jung-Stillings erstes bedeutendes eigenes literarisches Werk wurde häufig als die erste autobiographische deutsche Dorfgeschichte bezeichnet, deren Handlung den Leser in das kleine Dorf Grund im Siegerland führt. Der Autor zeichnet ein bis in alle Einzelheiten gehendes lebendiges Bild vom Leben in seinem Heimatdorf im 18. Jahrhundert. Er stellt die Sitten und Gewohnheiten der Menschen dar und beschreibt anschaulich die dörfliche Umgebung sowie die Landschaft, mit der die Menschen fest verwachsen sind. Jung-Stilling arbeitet die Charaktere der in seiner Erzählung auftretenden Personen sorgfältig heraus, indem er ihre Gespräche und Handlungen aufzeichnet und somit ein anschauliches Bild von den Denk- und Verhaltensweisen der Menschen liefert.

Künstlerische Komposition

Die Jugendgeschichte ist klar in vier Teile gegliedert, was dadurch erklärt werden kann, daß Jung-Stilling die Geschichte stückweise an seine Straßburger Freunde sandte und deshalb um eine stoffliche Abrundung der einzelnen Teile bemüht sein mußte.[47]

Im ersten Teil, der mit der Hochzeit von Jung-Stillings Eltern endet, beschreibt er die Heimat seiner Familie und stellt seinen Großvater Eberhard Jung in einem Dialog mit einem Nachbarn vor, der bereits Aufschluß über Eberhards Charakter gibt. Es folgt eine Darstellung von Eberhards häuslicher Umgebung, seiner Frau und seinem Sohn, der in der Jugendgeschichte den Namen Wilhelm trägt, Johann Heinrich Jung-Stillings Vater. Der Leser lernt als weitere Hauptpersonen Wilhelms Braut Dortchen, die Tochter eines armen Pfarrers, und seinen Schwiegervater kennen, bevor der Autor mit der Hochzeit von Dortchen und Wilhelm die Handlung des ersten Teils beschließt.[48]

Das kurze Eheglück des Brautpaares und die Geburt des Autors sind Gegenstand des zweiten Teils. Die ausführliche Darstellung der Feierlichkeiten anläßlich der Taufe von Wilhelms Sohn Johann Heinrich wird dazu genutzt, die Charaktereigenschaften der beteiligten Personen herauszuarbeiten. Sehr gefühlsbetont werden das Bild seiner Mutter Dortchen gezeichnet und der frühe Tod der Mutter geschildert.[49]

Der dritte Teil enthält die Erziehung des kleinen Johann Heinrich. Sein Vater Wilhelm überwindet nur langsam die Trauer über den Tod seiner Frau und lebt zurückgezogen mit seinem Sohn, den er nach strengen pietistischen Grundsätzen erzieht.[50]

Der letzte Teil der Jugendgeschichte ist dem Großvater Eberhard gewidmet. Die Familie beschließt gemeinsam, dem inzwischen 10jährigen Heinrich das Erlernen der lateinischen Sprache zu ermöglichen, nachdem seine besondere Begabung von dem Dorfpfarrer erkannt wurde. Eberhard bereitet sich, einer jahrzehntelangen Gewohnheit folgend, darauf vor, einen Teil seines Hausdaches neu zu decken. Trotz eindringlicher Warnungen seiner Frau und seiner Kinder läßt er sich von diesem Vorhaben nicht abbringen, und der Leser erahnt schon hier ein nahendes Unglück. Der größte Teil des Daches kann planmäßig gedeckt werden, die restliche Arbeit wird um einige Tage verschoben. Die Spannung steigt. Trotz erneuter Ermahnungen besteht der greise Eberhard darauf, das Dach noch einmal zu besteigen, wobei er abstürzt und wenige Tage später an den Folgen seiner Verletzungen stirbt.[51]

Der Tod des Großvaters, dessen vortrefflicher Charakter durch die gesamte Erzählung hin dominierend ist, bildet einen wirkungsvollen Abschluß der Jugendgeschichte, die damit abgerundet ist und keiner Fortsetzung bedarf.

In der Literatur wird allerdings vielfach die Meinung vertreten, daß der Abschluß von „Henrich Stillings Jugend“ nicht mit dem Ende des Manuskripts identisch sei, das Goethe im Jahre 1774 mitgenommen hatte. Es wird vermutet, daß Goethe in dem ursprünglichen Manuskript eine Zäsur vornahm, um die stoffliche Geschlossenheit der Erzählung zu gewährleisten.[52]

Diese stoffliche Geschlossenheit von „Henrich Stillings Jugend“ ist bei den nachfolgenden Teilen der Lebensgeschichte verlorengegangen. Sie sind eindeutig als Teil einer Autobiographie erkennbar, was sich teilweise durch den größeren Rahmen, in dem die Handlung stattfindet, erklären läßt.

Die Darstellung der Personen

Besondere Aufmerksamkeit widmet Jung-Stilling der Schilderung von Personen. In der Jugendgeschichte fällt die künstlerisch gestaltete, lebendige Charakterisierung der Menschen auf, die in seiner Kindheit von Bedeutung waren. Jung-Stilling verzichtet weitgehend auf eine Beschreibung seiner Darsteller. Statt dessen fügt er zahlreiche Dialoge in seine Erzählung ein, in denen die bezeichnenden Eigenschaften der Gesprächspartner anschaulich zum Ausdruck kommen.

Die dominierende Figur in der Kindheit des Titelhelden ist zweifellos sein Großvater Eberhard, der die alte Siegerländer „Bauerntugend" verkörpert. Eberhard genießt in seiner Familie und in seinem Heimatdorf eine gewisse Autorität; er scheut selbst die Auseinandersetzung mit dem groben Dorfpfarrer Stollbein nicht. Durch seine menschliche Größe hebt sich der Kohlenbrenner und Bauer von den meisten der dargestellten Dorfbewohner ab. Er zeichnet sich durch Rechtschaffenheit und praktisch gelebtes Christentum aus.[53]

In seinem nüchteren Realitätssinn bringt er Verständnis auf für die geistigen Interessen seines Enkels Heinrich und für die besondere Situation, in der dieser sich dadurch befindet:

> *„Aber der Junge! der liebt nicht Geld und Gut, sondern Bücher, und davon läßt sich's im Bauernstand nicht leben."*

Als der Dorfpfarrer vorschlägt, Heinrich Latein lernen zu lassen, unterstützt Eberhard dieses Vorhaben:[54]

> *„Der Junge hat einen unerhörten Kopf, etwas zu lernen; Gott hat diesen Kopf nicht umsonst gemacht; laß ihn lernen, was er kann und was er will."*

Eberhard gibt seinem Enkel aber den praktischen Rat, das Handwerk seines Vaters zu erlernen, um sich seinen Lebensunterhalt verdienen zu können, bis er die in der Schule erworbenen Kenntnisse nutzen kann.

Eine schlichte, unkomplizierte Denk- und Handlungsweise, Frömmigkeit und Naturverbundenheit machen Eberhard zu einem liebenswerten Spiegelbild des ländlichen Lebens.

Auch Jung-Stillings Großmutter Margrethe verkörpert die Tugenden des Bauernstandes. Sie tritt aber in der Darstellung ihres Enkels hinter ihren Ehemann Eberhard zurück, obgleich sie mit ihm viele Charaktereigenschaften teilt. Margrethe lebt vorwiegend in ihrer häuslichen Umgebung. Sie kümmert sich um ihren Enkel Heinrich nach dem Tod seiner Mutter und befürwortet seine Schulbildung.[55]

In einem gewissen Gegensatz zu den Großeltern steht die Gestalt ihres Sohnes Wilhelm, Heinrichs Vater. Der Schneider und Schullehrer tritt weniger energisch auf als sein Vater und läßt sich sehr stark von Gefühlseindrücken leiten.

Nach dem Tod seiner Frau Dortchen lebt er völlig zurückgezogen mit Heinrich im Hause seines Vaters. Ein Wanderprediger konfrontiert ihn in seiner Trauer mit dem strengen pietistischen Gedankengut, das er zur Grundlage seines weiteren Lebens macht. Auch Heinrich wird nach den strengen religiösen Grundsätzen erzogen, die sich sein Vater auferlegt hat.

Die Fortsetzung der Lebensgeschichte, „Henrich Stillings Jünglings-Jahre", enthält die Schilderung einer ergreifenden Szene zwischen Vater und Sohn:[56]

„Einstmals kam er nach Hause. Er hatte auf einem benachbarten Dorf gearbeitet und wollte etwas holen; er dachte an nichts Widriges und trat deswegen freimütig in die Stube. Sein Vater sprang auf, sobald er ihn sahe, griff ihn und wollte ihn zur Erde werfen, Stilling aber ergriff seinen Vater an beiden Armen, hielt ihn, so daß er sich nicht regen konnte und sah ihm mit einer Miene ins Gesicht, die einen Felsen hätte spalten können. Und wahrlich, wenn er jemalen die Macht der Leiden in all ihrer Kraft auf sein Herz hat stürmen sehen, so war es in diesem Zeitpunkte. Wilhelm konnte diesen Blick nicht ertragen. Er suchte sich loszureißen; allein er konnte sich nicht regen; die Arme und Hände seines Sohns waren fest wie Stahl und konvulsivisch geschlossen: 'Vater!' sprach er sanftmütig und durchdringend, 'Vater! – Euer Blut fleußt in meinen Adern und das Blut – das Blut eines seligen Engels – reizt mich nicht zur Wut! – ich verehre Euch – ich lieb Euch – aber –' Hier ließ er seinen Vater los, sprang gegen das Fenster und rief: 'Ich möchte schreien, daß die Erdkugel an ihrer Achse bebte und die Sterne zitterten!' – Nun trat er seinem Vater wieder näher und sprach mit sanfter Stimme: 'Vater! was hab ich getan, was strafwürdig ist?' – Wilhelm hielt beide Hände vors Gesicht, schluckste und weinte. Stilling aber ging in einen abgelegenen Winkel des Hauses und heulte laut."

Erst einige Jahre später entwickelt sich ein inniges Verhältnis zwischen den beiden, als Wilhelm merkt, daß in Heinrich das empfindsame Gemüt seiner verstorbenen Frau Dortchen weiterlebt. Der Autor sagt über sich in seiner Lebensgeschichte:[57]

„Der Knabe hatte und bekam der Mutter Gesichtszüge und ihr sanftes gefühliges Herz gänzlich."

Die strenge, abgeschiedene Erziehung des Kindes führte zu seiner vielbestaunten geistigen Entwicklung. Heinrich beschäftigte sich schon früh mit der Lektüre christlicher Schriften und alter Volksbücher, die seine lebhafte Phantasie anregten. Seine Familie unterstützte diese Neigungen, die die Grundlage bildeten für Jung-Stillings spätere schriftstellerische Tätigkeit.[58]

Vortrefflich sind die Schilderungen der Familienszenen in der Jugendgeschichte. Jung-Stilling widmet auch den kleinsten Zügen besondere Aufmerksamkeit, die dazu dienen, die einzelnen Persönlichkeiten lebensnah zu gestalten. Als die Familie über den Vorschlag des Dorfpfarrers beschließt, Heinrich Latein lernen zu lassen, fühlt sich der Leser regelrecht in die Situation hineinversetzt:[59]

> *„Der alte Stilling saß am Tisch, kaute an einem Spänchen; so pflegte er wohl zu tun, wenn er Sachen von Wichtigkeit überlegte. Wilhelm legte den eisernen Fingerhut auf den Tisch, schlug die Arme vor der Brust übereinander und überlegte auch. Margrethe hatte die Hände auf dem Schoß gefalten, knickelte mit den Daumen gegeneinander, blinzte gegenüber auf die Stubentüre und überlegte auch. Heinrich aber saß, mit seiner wollenen Lappmütze in der Hand, auf einem kleinen Stuhl und überlegte nicht, sondern wünschte nur. Stollbein saß auf einem Lehnstuhl, eine Hand auf dem Knopf des Rohrstabes und die andere in der Seiten, und wartete der Sachen Ausschlag.“*

Die Sprache der Jugendgeschichte

Die Sprache Jung-Stillings in der Jugendgeschichte enthält Elemente seiner heimischen Mundart, er verzichtet jedoch auf den Siegerländer Volldialekt. Die Einbeziehung einzelner mundartlicher Wörter und Redensarten paßt zu der ländlichen Atmosphäre, in der sich die Handlung abspielt. In der sprachlichen Gestaltung der Jugendgeschichte werden die Einflüsse der Straßburger „Sturm und Drang“-Bewegung sichtbar, deren Vertreter eine Vorliebe für Eigentümlichkeiten in Wortschatz und Redensarten hatten, die sie für ein Zeichen von Originalität hielten.[60]

Jung-Stillings Beziehung zur Natur

Jung-Stilling zeigt in den ersten Teilen seiner Lebensgeschichte eine Vorliebe für eingehende Landschaftsschilderungen. Gleich zu Beginn von „Henrich Stillings Jugend" beschreibt der Autor die Umgebung seines Heimatdorfes, in dem er aufgewachsen ist:[61]

> *„In Westfalen liegt ein Kirchsprengel in einem sehr bergichten Landstriche, auf dessen Höhen man viele kleine Grafschaften und Fürstentümer übersehen kann. Das Kirchdorf heißt Florenburg... Eine Stunde von diesem Orte südostwärts liegt ein kleines Dörfchen, Tiefenbach, von seiner Lage zwischen Bergen so genannt, an deren Fuße die Häuser zu beiden Seiten des Wassers hängen, das sich aus den Tälern von Süd und Nord her just in die Enge und Tiefe zum Fluß hin sammelt. Der östliche Berg heißt der Giller, geht steil auf, und seine Fläche, nach Westen gekehrt, ist mit Maibuchen dicht bewachsen. Von ihm ist eine Aussicht über Felder und Wiesen, die auf beiden Seiten durch hohe verwandte Berge gesperrt wird. Sie sind ganz mit Buchen und Eichen bepflanzt, und man sieht keine Lücke, außer wo manchmal ein Knabe einen Ochsen hinauftreibt und Brennholz auf halbgebahntem Wege zusammenschleppt. Unten am nördlichen Berge, der Geißenberg genannt, der wie ein Zuckerhut gegen die Wolken steigt und auf dessen Spitze Ruinen eines alten Schlosses liegen, steht ein Haus, worinnen Stillings Eltern und Voreltern gewohnt haben."*

Geburtshaus von Jung-Stilling in Grund bei Hilchenbach

In der Jugendgeschichte wird Jung-Stillings inniges und empfindsames Verhältnis zur Natur deutlich. Der an sein Elternhaus angrenzende Wald gibt ihm als Kind Anlaß zu phantasievollen Betrachtungen. Als er seinen Großvater einmal zum Kohlenbrennen in den Wald begleitet, erfreut er sich an der Schönheit der Natur: *„Henrich, der alles idealisierte, fand auf diesem ganzen Wege lauter Paradies; alles war ihm schön und ohne Fehler.“*[62] Ganz in der Tradition der „Sturm und Drang“-Bewegung spricht er die *„reine wahre Natur“* an, die *„die tiefsten feierlichsten Eindrücke in sein offenes freies Herz“* machte.

Zahlreichere Landschafts- und Naturschilderungen als in der „Jugend“ befinden sich im zweiten Teil der Lebensgeschichte, „Henrich Stillings Jünglings-Jahre“, in dem der Autor sein Heimatdorf verläßt und an verschiedenen Orten als Schullehrer tätig wird.

Die Gefühlssprache Jung-Stillings

In seiner Lebensgeschichte ist Jung-Stilling stets bemüht, die Gefühle, die er in den beschriebenen Situationen empfunden hat, offenzulegen. Um die Intensität seiner Empfindungen zu verdeutlichen, gebraucht er Ausdrücke wie *durchdringen, zerschmelzen* und *überfließen.* Als er im Kindesalter im Wald spazierengeht, wird seine lebhafte Phantasie angeregt:[63]

> *„Kein Mensch kann sich die Wonne einbilden, die der Knabe daselbst genoß; sein Geist floß über, er stammelte Reimen und hatte dichterische Einfälle.“*

Heinrichs erster Kirchgang stellte ein ganz besonderes Erlebnis dar:[64]

> *„Er erstaunte über alles, was er sah; sobald aber die Orgel anfing zu gehen, da wurde seine Empfindung zu mächtig, er bekam gelinde Zuckungen; eine jede sanfte Harmonie zerschmolz ihn, die Molltöne machten ihn in Tränen fließen, und das rasche Allegro machte ihn aufspringen.“*

Die Gefühlssprache, die in Jung-Stillings Lebensgeschichte vorherrscht, steht in Einklang mit der Sprache der Vertreter der „Sturm und Drang“-Bewegung. Die von Jung-Stilling verwendete Ausdrucksweise beruht zum Teil auf dem Pietismus, der seinerseits die Sprache der Bibel und der spätmittelalterlichen Mystiker verwendet hatte. Auch die pietistischen Schriften, die Jung-Stilling seit seiner Kindheit gelesen hatte, können als Vorbild für seine Gefühlssprache angesehen werden. Er kannte somit die

Weise: O Durchbrecher aller Bande. Halle 1704.

2. Bald wird dieser Same blühen allenthalben hoch und her, denn Evangelisten ziehen über Inseln, Land und Meer. Um die Saaten zu begießen, Geist der Pfingsten, komm herab! Laß die Lebensströme fließen bis zum Grabe tief hinab.

3. Sei gegrüßt, du ewger Morgen, steige, Sonne, bald empor! Weicht nun, all ihr bangen Sorgen, Glanz des Herrn, brich schnell hervor! Seht, der Berge Spitzen glühen schon im ewgen Morgenlicht, und die Frühlingsblumen blühen: Brüder alle, zweifelt nicht! Johann Heinrich Jung, genannt Stilling, 1740—1817.

Kirchenlied von Jung-Stilling

Metaphern seiner Gefühlssprache schon vor seiner Straßburger Zeit, dort lernte er jedoch, daß das, was er sein „gefühliges Wesen“ nannte, den Bedürfnissen der Zeit entgegenkam und unter dem Begriff „Empfindsamkeit“ kennzeichnend wurde für die neue literarische Bewegung.[65]

Romantische Elemente

Jung-Stilling hat seine Jugendgeschichte mit Sagen, Liedern und Märchen ausgeschmückt, die entweder vom Volk überliefert waren oder im Stil der Volkspoesie hineingedichtet wurden.[66]

Die Sage von dem Räuber Johann Hübner in „Henrich Stillings Jugend“ besitzt einen lokalen Hintergrund. Sie knüpft sich an den Berg, der unmittelbar neben Jung-Stillings Elternhaus aufsteigt und in der Erzählung Geißenberg genannt wird. Der einfache und wirkungsvolle Erzählstil hat die Zustimmung der Brüder Grimm gefunden, die die Sage unverändert in ihre Sammlung aufgenommen haben. Die beiden Liedertexte, die in die Jugendgeschichte aufgenommen wurden, sind dem Volksliederton nachgebildet. Die Motive dieser balladenhaften Mordgeschichten, mit denen Jung-Stilling den ersten und den zweiten Abschnitt seiner Jugendgeschichte beschließt, sind ähnlich. Das Märchen von Joringel und Jorinde findet sich, leicht verändert, in den Kinder- und Hausmärchen der Brüder Grimm wieder.[67]

Jung-Stillings Intentionen bei der Abfassung der Jugendgeschichte

Jung-Stilling schrieb den ersten Teil seiner Lebensgeschichte für seine Straßburger Freunde. Er beabsichtigte, in den freigeistigen Studenten religiöses Interesse zu wecken, und wählte deshalb für seine Erzählung eine Form, die ihrem Geschmack entgegenkam.[68] Die Schicksale seiner Kindheit in einem abgeschiedenen Dorf umkleidet er mit romantischen Elementen. Er verknüpft das belehrende Element mit dem Ästhetisch-Angenehmen und verbindet somit in seiner Erzählung geschickt seine Glaubensüberzeugung mit der Poesie.[69]

In einem Antwortschreiben zu einem Leserbrief legte Jung-Stilling seine Intentionen offen:[70]

> *„Da ich nun wuste, wie sehr meine Freunde in Strasburg den leichten wizelnden französischen Geschmack liebten, auch wie sehr ihr Glaubensgrund in der Religion schwankte, so glaubte ich: wenn ich ihnen meine Lebensgeschichte in einem romantischen blumichten Kleide vorlegte: so würden die deutlichen Fustapfen der göttlichen Fürsicht ihnen auf eine angenehme Art gezeigt; sie würden mit Freuden, und auch mit Nutzen lesen."*

Die Lebensgeschichte ist distanziert in der dritten Person abgefaßt; der Autor beschreibt das Leben Henrich Stillings. Die wichtigsten Orts- und Eigennamen sind verschlüsselt, wodurch ein romanhafter Schleier über die Erzählung gebreitet wird. Jung-Stilling verweist aber ausdrücklich darauf, daß die in der Jugendgeschichte geschilderten Erlebnisse, mit Ausnahme einiger Verzierungen, der Wahrheit entsprechen.

Dieses Zusammenwirken von Dichtung und Wahrheit macht die Geschichte besonders reizvoll und hebt die ersten Teile der Autobiographie von den späteren Fortsetzungen ab, in denen Jung-Stilling die „unverzierte" Wahrheit berichten will.

Goethes Anteil an der Jugendgeschichte

Da Goethe den ersten Teil der Lebensgeschichte herausgegeben hat, stellt sich die Frage, inwieweit er das Manuskript, das ihm vorlag, abgeändert hat, bevor er es in Druck gab. Jung-Stilling bezieht hierzu in einem Brief eindeutig Stellung. Er räumt ein, daß Goethe das Manuskript „ein wenig gemustert“ hat; er besteht aber darauf, daß die romantischen Elemente der Jugendgeschichte alle aus seiner Feder entstammen:[71]

> *„Ich ... fand, daß G(oethe) viel Planes und Seichtes ausgemerzet habe, sogar sind grose und religiöse Stücke weggelassen, oder verändert worden; aber Verzierungen hat er weder hinzu, noch davon gethan, die da sind, sind alle von mir.“*

Jung-Stilling hat mit der Erzählung „Henrich Stillings Jugend“ die Bedürfnisse seiner Epoche angesprochen. Mit seiner anschaulichen, lebendigen Schilderung des dörflichen Lebens kam er der Sehnsucht der Zeit nach natürlich-menschlichen Verhältnissen entgegen.[72] „Henrich Stillings Jugend“ stellt ein getreues Abbild des Lebens in der Heimat des Autors im 18. Jahrhundert dar.

Der Erfolg des Buches und das Honorar für das Manuskript (150 Taler) bereiteten Jung-Stilling den Weg für seine weitere erfolgreiche Entwicklung.

Kohlenmeiler im Siegerland

Johann Heinrich Jung-Stilling als Wirtschaftswissenschaftler

Johann Heinrich Jung-Stilling war als Schriftsteller, Mediziner und Wirtschaftswissenschaftler eine der bekanntesten Persönlichkeiten des 18. Jahrhunderts.

Neben seiner Tätigkeit als Arzt und Schriftsteller hat er als Hochschullehrer die Entwicklung der Wirtschaftswissenschaften nachhaltig beeinflußt. Während seiner 25jährigen Tätigkeit als Professor lehrte er an der Kurpfälzischen Kameralschule zu Kaiserslautern, an der Universität Heidelberg und schließlich an der Marburger Universität.

Qualifiziert hatte sich der zum Arzt promovierte Jung-Stilling durch in der Praxis erworbene Kenntnisse zahlreicher Wirtschaftszweige seiner Heimat, dem damaligen Fürstentum Nassau-Siegen.

Wie aber wurde Jung-Stilling als Wirtschaftswissenschaftler bekannt?

Ein Mannheimer Regierungsrat gründete die Kurpfälzische physikalisch-ökonomische Gesellschaft, an die sich die Kameralschule zu Kaiserslautern als erstes Institut dieser Art angliederte. Jung-Stilling schrieb für die Zeitschrift der Gesellschaft, deren Mitglied er alsbald wurde, Aufsätze über Landwirtschaft und Forstwesen, über das Eisengewerbe und über den Handel. Diese Abhandlungen sollten in erster Linie den Austausch von Erfahrungen fördern.

Berufung an die Kameralschule zu Kaiserslautern

Jung-Stilling, der durch seine Abhandlungen für die Kurpfälzische physikalisch-ökonomische Gesellschaft bekannt geworden war, erhielt durch den Kurfürsten Karl Theodor 1778 einen Ruf an die Kameralschule in Kaiserslautern. Er hatte dort als Professor der Ökonomie und der Kameralwissenschaften die Fächer Landwirtschaft, Fabrikwesen, Handel und Vieharzneikunde zu lehren. Seine Lehrtätigkeit sollte hauptsächlich der Ausbildung von Verwaltungsbeamten dienen.

Kameralwissenschaften

Noch vor der Annahme des Rufes an die Kameralhochschule in Kaiserslautern systematisierte Jung-Stilling den gesamten Lehrstoff und arbeitete an seinem ersten Lehrbuch als Grundlage für seine Vorlesungen.

Dieses Lehrbuch mit dem Titel „Versuch einer Grundlehre sämmtlicher Kameralwissenschaften zum Gebrauche der Vorlesungen auf der Kurpfälzischen Kameral Hohenschule zu Lautern“ wurde 1779 in Kaiserslautern veröffentlicht.

In der Vorrede zu diesem Lehrbuch beschreibt Jung-Stilling die Stationen seines Lebens, die ihm wichtige Erkenntnisse für seine neue Lehrtätigkeit verschafften. Er erwähnt seine in der Jugend gesammelten Erfahrungen in der Landwirtschaft und den Gewerben sowie seine Tätigkeit als Gehilfe „in der Handlung eines Kaufmanns, der sich auf die Landwirtschaft und auf die Fabrikation verstand“.

Sein erstes Lehrbuch sollte nach seinen eigenen Worten ein Entwurf des gesamten Zusammenhangs der *Kameralwissenschaften* darstellen, in dem die Beziehungen der einzelnen Teile zueinander aufgezeigt und zu einem Ganzen zusammengefügt werden. Dieser Entwurf sollte den Studierenden einen Überblick vermitteln, zumal auf der pfälzischen Kameralhochschule nicht nur das Kameralwesen im engeren Sinne, sondern auch Hilfswissenschaften wie Physik und Chemie gelehrt wurden. Jung-Stilling, dem die Bearbeitung dieses Leitfadens übertragen wurde, übernahm auch die entsprechenden Vorlesungen.

Unter *Kameralwissenschaften* versteht er die Lehre, nach der die Einkünfte des Souveräns erzielt und zu dessen Bestem verausgabt werden:[73]

> *„Kameralwissenschaften nennt man dasjenige Lehrgebäude, welches die Lehrsäze enthält, wornach die Einkünfte des Fürsten und des Staates erworben, und zum Beßten beider angewendet werden. Da diese Einkünfte oder Schäze, in, zu diesem Zweck bestimmten Kammern, aufbewahret werden, so ist daher der Name Kameralwissenschaft entstanden.“*

Jung-Stilling gliedert den Entwurf in drei Abschnitte:

1. Die **allgemeine Grundlehre** enthält Aussagen über die Bedürfnislehre, die Produktlehre, die Gewerbewissenschaft und die Buchhaltung.
2. Im nächsten Abschnitt befaßt er sich mit der **Bürgerlichen Gewerbekunde,** bestehend aus Landwirtschaft, Kunstwirtschaft und Handlungswirtschaft.
3. Abschließend geht er auf die **Staatsgewerbekunde,** die **Staatswissenschaft** und auf die **Staatshaushaltung** ein.

Da Jung-Stilling auch für seine übrigen Lehrgebiete keine Leitfäden fand, die seinen Vorstellungen entsprachen, entschloß er sich, das gesamte Lehrgebäude seiner Wissenschaften zunächst systematisierend herauszuarbeiten, um es später noch zu verfeinern.

Forst- und Landwirtschaft

Auf diese Weise entstand sein „Versuch eines Lehrbuches der Forstwirthschaft“ (1781 und 1782). Jung-Stilling weist in diesem Lehrbuch besonders auf die ökonomischen Aspekte des Forstwesens hin. Bei der Nutzung eines Forstes steht für ihn nicht die Jagd, sondern die Holznutzung im Vordergrund. Er versucht deshalb aufzuzeigen, wie sich aus den Hauptprodukten der Forstwirtschaft, den Gehölzen, der größtmögliche Ertrag erzielen läßt. Abschließend geht er jedoch auch auf die Nutzung der Jagd ein.

Im *ersten* Teil seines Lehrbuchs behandelt er die Forstpflege, im *zweiten* Teil geht er auf die Forstnutzung ein.

Im Rahmen der Ausführungen über die Forstpflege erläutert Jung-Stilling die Zucht, die Erhaltung und den Schutz der verschiedenen Gehölze. Er beschreibt in einem Abschnitt zur Pflanzenkunde den Aufbau der Holzpflanzen und die Besonderheiten der verschiedenen Bäume und Sträucher.

Im zweiten Teil seines Lehrbuchs stellt Jung-Stilling dar, wie der aus dem Forst gewonnene Ertrag an Gehölzen, Pflanzen und Tieren zu bestimmen und zu veräußern ist, um den größtmöglichen Nutzen zu erzielen.

Im Jahre 1783 erschien in Leipzig sein „Versuch eines Lehrbuchs der Landwirthschaft der ganzen bekannten Welt in so fern ihre Produkten in den Europäischen Handel kommen“. In diesem Lehrbuch beschreibt Jung-Stilling den Aufbau und die Eigenschaften verschiedener Futterpflanzen, Getreidesorten, Gartengewächse und Obstbäume sowie ihre geeignete Aufzucht und Pflege, so daß sie einen guten Ertrag bringen. Er erläutert die Einflüsse der Bodenbeschaffenheit und des Klimas auf die verschiedenen Nutzpflanzen. Jung-Stilling erklärt den Körperbau und die Eigenschaften der landwirtschaftlichen Nutztiere und beschreibt einheimische und exotische Tiere, mit denen Handel betrieben wurde.

Er weist schon 1783 in seinem Lehrbuch nachdrücklich darauf hin, daß Kenntnisse über die praktische Ausführung von Ackerbau und Viehzucht nicht ausreichend sind, um ein Landgut erfolgreich zu betreiben, da sich die erzeugten Produkte oft nicht zu einem angemessenen Preis verkaufen lassen. Deshalb beschließt er seine Ausführungen mit einem Kapitel über den landwirtschaftlichen Handel.

Wechsel zur Universität Heidelberg

Durch die Vereinigung der Kameralhochschule in Kaiserslautern mit der Universität Heidelberg wechselte Jung-Stilling im Jahre 1784 nach Heidelberg.

Er wollte bereits zu dieser Zeit das gesamte wirtschaftswissenschaftliche Lehrgebäude systematisieren und in Lehrbüchern zusammenfassen. Gleichzeitig war er bestrebt, in seinen Vorlesungen sämtliche staatswirtschaftlichen Fächer selbst vorzutragen. Mit Fleiß und Ausdauer begann er, seine Pläne zu verwirklichen, nicht ohne dabei das Mißtrauen seiner Fachkollegen zu erregen.

Fabrik- und Handlungswissenschaft

In Heidelberg schrieb Jung-Stilling den „Versuch eines Lehrbuchs der Fabrikwissenschaft zum Gebrauch Akademischer Vorlesungen" (1785). Er beschreibt in diesem Lehrbuch alle zu seiner Zeit bekannten Technologien, mit deren Hilfe Produkte auf der Basis chemischer oder mechanischer Prozesse gewonnen werden konnten. Er erklärt beispielsweise die Farbstoffbereitung, die Färberei, die Kohlenbrennerei und das Bierbrauen. Er beschreibt Porzellanfabriken, Glashütten, Webereien und Druckereien und geht auf die Schmiedekunst und die Töpferkunst ein.

In seinen „Abhandlungen oeconomisch und statistischen Inhalts" (Kopenhagen und Leipzig 1788) werden die erforderlichen Kenntnisse eines Kaufmanns erläutert:[74]

> *„Die Kaufmannschaft ist eine sehr schwere Wissenschaft, und diese ist noch lange nicht genug, sie muß auch durch den Handelsgeist belebt werden."*

Ein „Gemeinnütziges Lehrbuch der Handlungswissenschaft für alle Klassen von Kaufleuten und Handlungsstudirenden" erschien 1785 in Leipzig, eine zweite, verbesserte und ergänzte Auflage 1799. Die Handlung ist nach Jung-Stilling ein Gewerbe, das den Einkauf von Gütern, die an einem bestimmten Ort im Überfluß vorhanden sind, und den Verkauf an Orte, in denen ein Mangel herrscht, zum Gegenstand hat. Damit erfaßt Jung-Stilling die Marktausgleichsfunktion des Handels. Er untergliedert die Handlungswissenschaft in die Kapitel *Tausch* und *Expedition.*

In seinen Ausführungen zum **Tausch** geht Jung-Stilling auf die Warenkunde, die Geldkunde und die Handelskunde ein.

Im Abschnitt über die Warenkunde werden die verschiedenen Warenarten, z. B. landwirtschaftliche, mineralische und Fabrikwaren, behandelt und Maßstäbe erläutert, nach denen ihr Wert und Preis bestimmt werden kann. Dazu gehören das Maß, das Gewicht, die Anzahl und die Güte der Waren.

Die Eigenschaften eines allgemeinen Tauschmittels werden im Abschnitt über die Geldkunde aufgezeigt.

Der Abschnitt über die Handelskunde enthält Ausführungen über den Tausch zwischen Ware und Geld sowie Erläuterungen zu den verschiedenen Handelsarten und zu den Handelsorten.

Das Kapitel zur **Expedition** oder Ausführung enthält die Abschnitte Frachtkunde, Zahlungskunde und „Comtoirkunde".

Die Verpackung und Versendung der Waren auf dem Wasser- oder Landweg sind Gegenstand der Frachtkunde.

Im Rahmen des Abschnitts zur Zahlungskunde erläutert Jung-Stilling Grundsätzliches über Forderungen und Verbindlichkeiten, die verschiedenen Zahlungsarten – Geldzahlung und Wechselzahlung – sowie die Vorteilhaftigkeit von Bankgeschäften.

Die Führung von Handelsbüchern, die Erstellung von Rechnungen, die Verwaltung der Kasse und die Korrespondenz sind Gegenstand der „Comtoirkunde".

Jung-Stilling erläutert in seinem Lehrbuch der Handlungswissenschaft alle Bereiche, deren Kenntnis als Grundlage für die erfolgreiche Führung eines Handelsgewerbes notwendig sind.

„Vieharzneykunde"

In den Jahren 1785 und 1787 erschien in Heidelberg das „Lehrbuch der Vieharzneykunde" in zwei Bänden. Jung-Stilling betont in seinem Vorbericht die Wichtigkeit der Pflege landwirtschaftlicher Nutztiere, da der Wert des Viehbestandes eine wichtige Grundlage für die gesamte Landwirtschaft darstelle und die Landwirtschaft ein wesentlicher Faktor für den Wohlstand eines Landes sei:[75]

> *„...denn die Wartung und Pflege der landwirthschaftlichen Thiere hat so vielen Einfluß ins allgemeine Wohl, daß man der Sache nicht zu viel thut, wenn man behauptet: die ganze Landwirthschaft gründe sich so unbeschränkt auf die gute Viehzucht, als die ganze Glückseeligkeit des Staats auf die Landwirthschaft."*

Er erläutert das ganze System der Vieharzneikunde, bestehend aus der *Gesundheitskunde* – der Lehre vom gesunden Tier – und der *Heilkunde.*

Im Rahmen der **Gesundheitskunde** behandelt er die Physiologie – die Lehre von den Wirkungen der Teile des tierischen Körpers –, deren Kenntnis erforderlich ist, um Krankheiten diagnostizieren zu können, so-

Lehrbuch
der
Vieharzneykunde
von
Dr. Johann Heinrich Jung,
ordentlicher öffentlicher Professor
zu Heidelberg.

Erster Theil
welcher
die Physiologie und Pathologie
enthält.

Heidelberg
bey den Gebrüder Pfähler.
1785.

Lehrbuch
der
Vieharzneykunde
von
Dr. Johann Heinrich Jung,
ordentlicher öffentlicher Professor
zu Heidelberg.

Zweyter Theil
welcher
die Medizinische Materie und Clinick
enthält.

Heidelberg
bey den Gebrüder Pfähler.
1787.

wie die „Futterordnung“ – eine Darstellung der geeigneten Nahrungsmittel und ihrer zweckmäßigen Anwendung zur Gesunderhaltung der Tiere.

Die **Heilkunde** unterteilt Jung-Stilling in die Pathologie – die Lehre von den Krankheiten – und in die angewandte Medizin, die er im zweiten Band seines Lehrbuchs behandelt. Die angewandte Medizin hat die Aufgabe, festgestellte Krankheiten zu heilen, wozu die Kenntnis der Arzneimittel, ihrer Zubereitung und ihrer Anwendung erforderlich ist. Jung-Stilling unterscheidet zwischen äußeren Krankheiten, mit denen sich ein Wundarzt beschäftigt, und inneren Krankheiten, die ein Arzt behandelt. In der Praxis seien jedoch beide Formen miteinander verbunden. Die verschiedenen medizinischen Disziplinen müssen auf alle Gattungen landwirtschaftlicher Nutztiere, nämlich auf Pferde, Esel und Maulesel, Rinder, Schafe und Ziegen sowie auf Schweine, angewandt werden.

Rechnungswesen

Einige seiner Vorlesungen wurden in der Zeitschrift des Instituts „Vorlesungen der Churpfälzischen physikalisch-ökonomischen Gesellschaft“ abgedruckt.

Darunter befindet sich eine Abhandlung mit dem Titel „Vorschläge zu einem bequemern Cameral-Rechnungs-Styl“. In dieser Zusammenfassung seiner Vorlesung vom März 1786 erläutert er die Vorgehensweisen, durch die Rechenfehler und Veruntreuungen im Rahmen der kameralistischen Buchhaltung unmöglich gemacht werden sollen, denn *„unter allen öffentlichen Bedienungen sind keine für den Herrn und Diener beschwerlicher als die berechneten“*[76].

In einem ersten Hauptpunkt wird die Methode der **kaufmännischen doppelten Buchführung** erläutert und die Übertragung von Elementen dieser Methode in das kameralistische Buchhaltungssystem empfohlen, um Rechenfehler zu vermeiden:[77]

> *„Die Kaufleute, deren tägliches Geschäfte im Buchhalten und Rechnungführen besteht, haben einen Weg, eine Kontrolle, oder Gegenrechnung erfunden, durch welche sie sich jeden Augenblick, so wohl von der mathematischen Gewisheit des Kalkuls, als auch von ihrem jedesmaligen Vermögenszustand überzeugen können, die Methode, welcher sie sich zu diesem Zweck bedienen, heist das doppelte, oder Italiänische Buchhalten...“*

Jung-Stilling weist darauf hin, daß die Gefahr der Untreue sich dadurch ergibt, daß Eigentümer und Verwalter von Vermögenswerten auseinanderfallen, was zur Notwendigkeit von Überwachungsmaßnahmen führt.

Er betont, daß seine Vorschläge keine Änderung bzw. Verbesserung der Staatsverfassung voraussetzen, sondern ohne weiteres mit den Finanzeinrichtungen seiner Zeit durchführbar sind.

Die Rechnungsführer haben als Verwalter fremder Güter über ihre Einnahmen und Ausgaben Buch zu führen, wobei unregelmäßige und im Betrag veränderliche Einnahmen und Ausgaben problematisch sind. Aufgrund deren Verschiedenheit und der Vielzahl der Zahler und Empfänger wird eine andere Rechnungsform als bei den Kaufleuten erforderlich.

Das Grundprinzip, wonach die einzelnen Posten in verschiedenen Konten aufgeführt und addiert werden und später in der Hauptsumme wieder übereinstimmen müssen, möchte Jung-Stilling aber auf das staatswirtschaftliche Rechnungswesen übertragen, weil sich nach seiner Meinung dadurch Rechenfehler vermeiden lassen.

Die Einnahmen und Ausgaben werden chronologisch in das Journal eingetragen und nach Konten gegliedert in das Manual übertragen und summiert. Am Ende des Jahres wird daraus die Hauptrechnung erstellt und der Revision übergeben. Bei Übereinstimmung der Summe aus dem Manual mit der aus dem Journal ist die rechnerische Richtigkeit gewährleistet.

Im Journal werden die Einnahmen und Ausgaben in Soll und Haben untergliedert, zu jedem Posten werden das Datum und ein Verweis auf den entsprechenden Beleg vermerkt. Jung-Stilling schlägt ein Geld- und ein Naturalienjournal vor. Durch diese Methode läßt sich jederzeit der aktuelle Vermögensstand ermitteln.

Ein zweiter Hauptpunkt enthält Methoden, mit deren Hilfe die Ehrlichkeit der Rechnungsführer überprüft werden kann.

Als Verwalter fremder Güter müssen sie alle Posten ihrer Rechnungen belegen und beweisen können, um auch die Revision von der Richtigkeit überzeugen zu können. Dazu gehört das Anfordern von Quittungen, eine saubere und genaue Rechnungsführung, die Aufbewahrung der Bücher sowie die Einrichtung einer Registratur.

Jung-Stilling schlägt für die Beweisführung bei unregelmäßigen Einnahmen die Einführung von Quittungen mit fest aufgedruckten Geldbeträgen vor, die von der Kammer ausgegeben werden und deren Nennbetrag festgehalten wird. Der Rechnungsführer muß dann an jeden Zahlenden Quittungen in Höhe des gezahlten Betrags ausgeben. Die Summe des Geldbetrags auf den ausgegebenen Quittungen muß mit der Summe der Einnahmen übereinstimmen. Die übriggebliebenen Quittungen werden am Ende des Jahres zurückgegeben und zur Kontrolle vom Revisor zusammengezählt. Für unregelmäßige Ausgaben wird ein ähnliches System mit Hilfe gedruckter Ausgabequittungen entwickelt.

Abschließend geht Jung-Stilling noch auf einen anderen Mangel des kameralistischen Rechnungswesens seiner Zeit ein, nämlich die Besetzung der Ämter im Staatsdienst.

Ein Rechnungsführer muß seiner Meinung nach fundierte staatswirtschaftliche Kenntnisse haben. Er kritisiert eine ausschließlich juristische Ausbildung für Staatsbedienstete und schlägt die praktische Arbeit bei einem Kaufmann und später entsprechend der Leistung Stellungen mit jeweils wachsenden Verantwortungsbereichen vor.

Aus den besten daraus hervorgehenden Kräften wird dann die Revision gebildet. Auf diese Weise erhält man erfahrene Revisoren, die kritische Bereiche erkennen und beurteilen können.

Rechnungswissenschaft

Eine detaillierte Darstellung des kameralistischen Rechnungswesens befindet sich in Jung-Stillings Lehrbuch „Anleitung zur Cameral-Rechnungs-Wissenschaft nach einer neuen Methode des doppelten Buchhaltens“ (Leipzig 1786).

Jung-Stilling entwickelt in diesem Lehrbuch ein kameralistisches *Buchhaltungssystem,* das Elemente der kaufmännischen doppelten Buchführung enthält. Das bis dahin angewandte kameralistische Buchhaltungssystem ist seiner Meinung nach unvollkommen; das System der kaufmännischen doppelten Buchführung erscheint ihm aber für die Zwecke der Ka-

Anleitung

zur

Cameral-

Rechnungs-Wissenschaft

nach einer neuen Methode

des

doppelten Buchhaltens,

zum Gebrauch

der akademischen Vorlesungen

von

Dr. Johann Heinrich Jung

Churfürstlicher Hofrath, und öffentl. ord. Professor
in Heydelberg.

Leipzig,

bey M. G. Weidmanns Erben und Reich.

1786.

meralistik zu weitläufig und zu zeitaufwendig. Deshalb entwickelt er ein kameralistisches Buchhaltungssystem, in dem die Vorteile der kaufmännischen doppelten Buchführung zur Anwendung kommen, das jedoch weniger kostspielig in der Durchführung ist.

Die *Rechnungswissenschaft* soll nach seiner Meinung Grundsätze vermitteln, wie die Einnahme- und Ausgabeposten der verschiedenen Gewerbezweige Konten zuzuordnen und diese Konten abzuschließen und zu einer Hauptrechnung zu formieren sind. Auf diese Weise sollen die Richtigkeit des Ganzen und der Vermögensstand jederzeit überprüfbar sein. Die angewandten Grundsätze sollen der Rechnungsführung „gesetzmäßige Sicherheit und Bestätigung" geben können (§ 18, S. 14).

Jung-Stilling unterteilt seine Ausführungen zur Rechnungswissenschaft in die Theorie, die Praxis und die Sanktion.

Im **theoretischen Teil** beschreibt er den Aufbau und die Funktion des Tagebuchs (oder Journals), des Handbuchs (oder Manuals) und des Hauptbuchs (oder Hauptrechnung).

Im Tagebuch werden Geld und Naturalien getrennt nach Einnahme und Ausgabe chronologisch eingetragen. All diese Posten werden nach „Rubricken" geordnet in das Manual übertragen. Bei der kaufmännischen Buchführung wird für jeden Handelspartner ein Konto geführt, bei der kameralistischen Rechnung werden die Konten aus Vereinfachungsgründen nach den Eigenschaften der Posten angelegt.

Das Manual dient am Ende des Jahres der Bildung der Hauptrechnung, die der Verwalter dem Eigentümer der Güter – bei Jung-Stilling „Rechnungsprinzipal" genannt – vorlegen muß. Aus der Hauptrechnung müssen die Entwicklung des Gewerbes während des Jahres und der Vermögensstand am Ende des Jahres ersichtlich werden (§ 104, S. 54).

Der **praktische Teil** enthält die Anwendung der theoretisch beschriebenen Grundsätze auf die einzelnen Gewerbezweige seiner Zeit. Jung-Stilling beschreibt hier die landwirtschaftliche Buchhaltung, die Fabrik-Buchhaltung sowie das kaufmännische und das staatswirtschaftliche Rechnungswesen.

Durch das landwirtschaftliche Buchhalten soll der Gewinn oder Verlust, der durch ein Landgut erwirtschaftet wird, ermittelt werden. Dies setzt vollständige Kenntnis des Verwalters über Art, Menge und Wert aller Grundstücke und Gebäude voraus. Alle beweglichen Güter, z. B. landwirtschaftliche Geräte und der Viehbestand, müssen in einem Inventar verzeichnet sein. Für alle landwirtschaftlichen Produkte und Futtermittel sowie für das Vieh müssen Tagebücher geführt werden, um am Jahresende die Hauptrechnung bilden zu können.

Zweck der Fabrik-Buchhaltung ist die Ermittlung der Herstellungskosten für die einzelnen Produkte, so daß ein Preis festgesetzt werden kann, der noch einen Gewinn beinhaltet. Dazu wird aus dem Tagebuch, in dem alle Einnahmen und Ausgaben chronologisch aufgelistet sind, ein „Materialbuch", ein „Arbeitsbuch" sowie ein „Unkostenbuch", das die durch die Produktion entstandenen Gemeinkosten enthält, gebildet. Aus den Posten dieser Bücher wird ein nach Warengattungen getrenntes Warenkonto erstellt. Die Addition der angefallenen Kapitalzinsen ergibt die durch das Produkt entstandenen Kosten.

Durch die kaufmännische Buchhaltung sollen die Geschäfte des Händlers, bestehend aus Einkauf, Transport und Verkauf von Waren, erfaßt werden. Alle Einnahmen und Ausgaben werden wiederum in einem Tagebuch aufgeführt, aus dem das Warenkonto gebildet wird. Dieses enthält, getrennt nach Warengattungen, im Soll die Einkaufspreise und im Haben die Verkaufspreise. Der Saldo, vermindert um die durch die Ware entstandenen Unkosten, zeigt den erzielten Gewinn oder Verlust an.

Im Rahmen des staatswirtschaftlichen Rechnungswesens müssen alle Einnahmen und Ausgaben des Staates verwaltet werden. „Beständige" Einnahmen sind beispielsweise Zinsen und Pacht, zu den „unbeständigen" Einnahmen gehören Zölle und Bußgelder. Kosten für staatseigene Güter und die Besoldungen der Beamten sind „beständige" Ausgaben.

Den letzten Teil seiner Ausführungen nennt Jung-Stilling **„Sanktion des Rechnungswesens"**. Gemeint sind hier die Regeln, nach denen das Rechnungswesen geführt und geprüft werden muß, damit sich der Eigentümer von der Ertragslage des Gewerbezweigs und der Qualität der Verwaltung überzeugen kann:[78]

> *„Es ist also auch nicht genug, daß eine Rechnung richtig sey, wenn man nicht von dieser Richtigkeit sich selbst und andere überführen kann; daraus folgt, daß man eine Rechnungs-Methode erwählen müsse, durch welche man sich selbst und andre mit völliger Gewisheit von der Richtigkeit und Wahrheit des Ganzen und aller seiner Theile vollkommen überzeugen könne."*

Einzeln aufgeführt werden die Pflichten des Rechnungsprinzipals, der Rechnungsführer, der Revision und der Justikation, die dazu dienen, *„einer Rechnung in allen ihren Theilen ihre vollkommene gesezmäsige Autorität zu geben, so daß sie öffentliches und allgemeines Zutrauen ihrer Richtigkeit erhält, und zu jeder Zeit die strengste Prüfung auszuhalten im Stand ist"*[79].

Der **Rechnungsprinzipal** als Eigentümer der zu verwaltenden Güter muß so handeln, daß Vernachlässigungen und Veruntreuungen durch die Bediensteten vermieden oder zumindest sofort entdeckt werden (§§ 261–262, S. 127). Wenn er die Buchführung selbst übernimmt, muß er die entsprechenden gesetzlichen Vorschriften beachten.

Der **Rechnungsführer** muß die ihm übertragenen Aufgaben ordnungsgemäß und ohne Verzögerungen erfüllen sowie „von jeglicher Veruntreuung Abstand nehmen". Als Verwalter fremder Güter muß er die ihm gegebenen Instruktionen beachten, um nicht zuletzt auch vor der Revision bestehen zu können (§§ 309–311, S. 148–149).

Der **Revisor,** der bei Jung-Stilling auch Monent genannt wird, muß die fremde Rechnungsführung unparteiisch auf quantitative und qualitative Richtigkeit untersuchen. Dazu muß er die Rechnungswissenschaft in Theorie und Praxis beherrschen und darf zur Sicherung seiner Unparteilichkeit weder in verwandtschaftlichen Verhältnissen zu dem Rechnungsführer, dessen Rechnungslegung er beurteilt, stehen noch sein Schuldner oder Gläubiger sein (§§ 328–329, S. 156–157).

Jung-Stilling spricht sich für den wiederholten Einsatz desselben Prüfers aus, um dadurch eine Vertrautheit mit dem Prüfungsgegenstand zu erreichen.

Zur Prüfung sind alle Belege, Bescheinigungen und Quittungen, auf die sich Einnahmen und Ausgaben gründen, vorzulegen. Die Rechnungslegung muß vollständig geprüft werden, Fehler müssen aufgedeckt und objektiv dargelegt werden, und es darf nichts übersehen werden, denn *„Bescheidenheit und Richtigkeit sind die Tugenden des Revisors"* (§ 336, S. 159–160).

Die Prüfung erstreckt sich auf die formelle und materielle Richtigkeit der Rechnungslegung. Die Gesetzmäßigkeit und die Vollständigkeit der Rechnungslegung müssen geprüft und die Pflichterfüllung durch den Verwalter beurteilt werden.

Die quantitative und qualitative Richtigkeit der einzelnen Posten muß geprüft werden (§ 337, S. 160), was bei Anwendung der doppelten Buchführung erleichtert wird. Beanstandete Posten müssen geändert werden.

Adressaten der Prüfung sind insbesondere der Rechnungsprinzipal und der Rechnungsführer, die ein Zeugnis über die pflichtgemäße Ausführung der Rechnungslegung erwarten (§ 327, S. 156).

Der angefertigte Prüfungsbericht und die Hauptrechnung werden den **Justikanten** übergeben. Dies kann bei der Rechnungslegung im Privatbereich der Eigentümer selbst sein, bei der Rechnungslegung im öffentlichen Bereich ein hierfür bestelltes Kollegium.

Im Rahmen der Justikation beurteilen der Eigentümer oder sein Bevollmächtigter die Einwände der Revision. Bei einer als richtig befundenen Rechnungslegung wird dem Verwalter die Richtigkeit öffentlich bezeugt (§§ 373–374, S. 175).

Jung-Stilling liefert in seinem Lehrbuch eine komplette Anleitung zur Durchführung und Prüfung der Rechnungslegung in den zu seiner Zeit bedeutenden Gewerbebereichen sowie der Staatswirtschaft. Er hat dabei noch heute geltende Grundsätze aufgestellt.

Berufung an die Universität Marburg

Der wirtschaftswissenschaftliche Werdegang Jung-Stillings sollte jedoch in Heidelberg noch nicht enden. Im Jahre 1787 erhielt er durch den Landgrafen Wilhelm IX. von Hessen-Kassel eine Berufung an die Universität Marburg, deren wirtschaftswissenschaftlicher Zweig sich erst im Aufbau befand und zu dieser Zeit noch der philosophischen Fakultät zugeordnet war.

In Marburg bemühte er sich, das gesamte staatswirtschaftliche System aufzubauen und alle Fächer seiner Disziplin zu lehren. Als „ordentlicher Lehrer der Ökonomie-, Finanz- und Kameralwissenschaften" erstreckten sich seine Vorlesungen neben den eigentlichen Kameralwissenschaften auf

Handlungs-, Polizei- und Finanzwissenschaft, Berg- und Hüttenwesen, Land- und Forstwirtschaft sowie Technologie.

Während seiner Lehr- und Forschungstätigkeit in Marburg schrieb Jung-Stilling verschiedene Lehrbücher. Ein „Lehrbuch der Staats-Polizey-Wissenschaft" erschien 1788. Eine Auswahl seiner Aufsätze wurde ebenfalls in diesem Jahr unter dem Titel „Abhandlungen oeconomisch und statistischen Inhalts" veröffentlicht (Kopenhagen und Leipzig 1788).

Finanzwissenschaft

Im Jahre 1789 erschien sein „Lehrbuch der Finanz-Wissenschaft", in dessen Vorwort zu lesen ist:[80]

> *„Bey diesem meinem neunten Lehrbuch hab ich weiter nichts zu erinnern, als was ich bey allen vorigen gesagt habe: es ist ein roher Entwurf, und kan auch meiner Lage nach, noch zur Zeit nichts anders seyn... Man zeige mir meine Fehler mit Schonung und ohne Bitterkeit, damit ich nicht Veranlassung bekommen möge, den schwarzen Gedanken des Gelehrten-Neids bekämpfen zu müssen. Ich liebe und ehre alle meine Mitarbeiter von ganzem Herzen; der Fortgang der guten Sache sey unser Stolz, jeder baue so viel er kan, jeder sey treu in seinem Theil und gönne dann auch dem spätkommenden Arbeiter seinen Groschen; den auch zu seiner Zeit erwartet der Verfasser."*

Er verweist auf seine Absicht, das gesamte System der Staatswirtschaft später vollendet herauszuarbeiten.

Unter *Finanzwissenschaft* versteht Jung-Stilling die Lehre von der Berechnung der Summe der ordentlichen und außerordentlichen Staatsausgaben und ihrer Finanzierung bei Minimierung der damit verbundenen Einschränkungen für den einzelnen:[81]

> *„Sie lehrt nämlich, wie man die zur allgemeinen Glückseeligkeit eines Staats nöthige Aufwands-Summe, sowol in ordentlichen als ausserordentlichen Fällen bestimmen und erheben müsse, daß die einzelne Glückseeligkeit dadurch am wenigsten eingeschränkt wird."*

Jung-Stilling teilt die Finanzwissenschaft in die *Theorie* und in die *Praxis* ein. Unter der Theorie versteht er das Finanzsystem und unter der Praxis die Finanzierungsquellen.

Die **Theorie** enthält den Plan zur Berechnung der Summe der Staatsausgaben und zur optimalen Verwaltung der Finanzquellen. In dem **praktischen Teil** werden die Finanzierungsquellen für ordentliche und außerordentliche Aufwendungen vorgestellt.

Lehrbuch
der
Finanz-Wissenschaft.

Von

Johann Heinrich Jung,

der Weltweisheit und Arzneykunde Doctor, Churpfälzischer Hofrath, der Oeconomie- Finanz- und Cameral-Wissenschaften ordentlicher öffentlicher Professor in Marburg, der Churpfälzisch öconomischen Gesellschaft in Heidelberg, der Churfürstlichen Teutschen in Mannheim, der Gesellschaft des Ackerbaues und der Künste in Cassel und der Leipziger öconomischen Societät Mitglied.

Leipzig,
in der Weidmannischen Buchhandlung
1789.

Ordentliche Aufwendungen werden durch die Verwaltung von Domänen (Güter und Gewerbe, deren Erträge zur Unterhaltung der Regierung dienen) und durch Regalien (Rechte über nicht in Privateigentum befindliche Güter und Dinge, deren Erträge als staatliche Einnahmequelle dienen) finanziert.

Eine weitere Finanzierungsquelle sind „zufällige Einkünfte", beispielsweise Abgaben, Taxen oder Strafgelder.

Die Einnahmen aus Domänen, Regalien und den „zufälligen Einkünften" werden von den jährlich anfallenden Staatsausgaben abgezogen, die Differenz muß durch Steuern finanziert werden.

Als Steuerarten kommen eine Kopfsteuer und die Vermögensteuer in Betracht, die aber beide von Jung-Stilling als ungerecht angesehen werden, da sie nicht von der tatsächlichen Finanzkraft ausgehen.

Als weitere Finanzierungsquelle wird die „Verzehrungssteuer" diskutiert, eine allgemeine Umsatzsteuer. Diese Verbrauchsteuer wird jedoch von Jung-Stilling abgelehnt, da hier der Steuerträger nicht generell bestimmt ist, sondern derjenige die Steuerlast tragen muß, der den Preis für ein Gut nicht setzen kann. In Abhängigkeit von dem Verhältnis zwischen Angebot und Nachfrage im jeweiligen Einzelfall wird entweder der Verkäufer die Steuer tragen müssen oder die Last über den Preis auf den Käufer überwälzen.

Jung-Stilling setzt sich dafür ein, daß Güter, die der Befriedigung von Grundbedürfnissen dienen, nur gering besteuert werden:[82]

> *„Damit der Arme nicht gedrückt werde, so dürfen die nothwendigen Befriedigungsmittel, als Getraide, Mehl, Brod, Salz, die nöthigsten Kleidungsstücke u.d.g. entweder gar nicht, oder doch nur sehr schwach belegt werden; hinhegen die weniger nöthigen, als Fleisch, Bier, Wein, Taback, Caffee, Zucker, und vorzügliche Waaren des Luxus, werden Stufenweise je nach den Graden ihrer geringeren Nothwendigkeit höher angeschlagen."*

Als gerecht und zweckmäßig werden die Grund- und die Gewerbesteuer beurteilt.

Zur Finanzierung außerordentlicher Aufwendungen werden die Erhöhung von Abgaben, die Aufnahme von Krediten, z. B. in Form einer Anleihe, oder – als letztes Mittel – die Veräußerung von Staatseigentum behandelt.

Kameralwissenschaft und Kameralpraxis

Das „Lehrbuch der Cameral-Wissenschaft oder Cameral-Praxis" wurde im Jahr 1790 in Marburg veröffentlicht.

In einer Vorrede erläutert Jung-Stilling den Zweck dieses Werks, welches er als letztes in der Serie seiner Studien und Entwürfe bezeichnet. Dieses Lehrbuch sollte die Verbindung zwischen dem theoretisch erworbenen Wissen und der zukünftigen praktischen Verwaltungstätigkeit der Studierenden herstellen, also unmittelbar auf den Beruf vorbereiten.

Dr. Johann Heinrich Jungs
der Oeconomie, Finanz- und Cameral-Wissenschaften ordentl. öffentl. Lehrers in Marburg

Lehrbuch der Cameral-Wissenschaft oder Cameral-Praxis.

Marburg
in der neuen akademischen Buchhandlung
1790.

Einleitend geht Jung-Stilling auf die Begriffe Staatswirtschaft und Kameralwissenschaft ein.

Unter **Staatswirtschaft** versteht er alle Tätigkeiten der Regierenden und Staatsbediensteten, die auf eine Vermehrung des Ertrags und eine Befriedigung der Bedürfnisse (eine Steigerung des gesellschaftlichen Wohlstands) gerichtet sind, wobei auch die Bedürfnisse des Staates berücksichtigt werden müssen.

Die **Kameralwissenschaft** beschäftigt sich unmittelbar mit den Staatseinnahmen und Staatsausgaben sowie deren Berechnung. Sie vermittelt Kenntnisse über die in der Praxis anfallenden Arbeiten und kommt der Finanzwissenschaft am nächsten. Der Aufbau richtet sich nach dem System der Staatswirtschaft, enthält jedoch nur diejenigen Regeln, nach denen die Bediensteten die Staatseinnahmen verwalten müssen.

Aus diesen Überlegungen ergibt sich der Aufbau des Lehrbuchs, das auf die Kameralpraxis, die Verwaltung hoheitlicher Betriebe, näher eingeht. Behandelt werden im einzelnen die Bergwerke, die Land- und Forstwirtschaft, die Fabriken, die Polizei und die finanzwissenschaftliche oder allgemeine Kameralpraxis.

Die Produktion kann nach Jung-Stilling in drei Arten untergliedert werden:[83]

„1) Erwerbung der Produkte zu deren Entstehung die Kunst gar nichts beytragen kann, nemlich der Bergbau.
2) Erwerbung der Produkte, wo die sich selbst überlassene Natur, durch die Kunst bedient wird; dies ist der Fall bey der Forstwirthschaft; und
3) Erwerbung wo die Kunst aber Naturgemäß produzirt, dies geschieht bey der Landwirthschaft."

Jung-Stilling äußert sich in seinem Lehrbuch über den Nutzen staatlicher Fabriken:[84]

„Die Rentcammern der Fürsten haben öfters hin und wieder Fabrikken angelegt, um sie zum Besten der herrschaftlichen Casse zu benutzen, allein der Ertrag hat selten dem Aufwand entsprochen; geschweige, daß solche Einkünfte schwankend sind, und sich auf sie keine sichere Rechnung machen läßt. Fabricken sind also keine Finanzquellen für den Staat."

Die Polizei übt beispielsweise die Aufsicht bei der Herstellung und dem Verkauf wichtiger Grundnahrungsmittel wie Mehl, Brot und Fleisch aus. Dies gilt auch für das Bier, das Jung-Stilling als „ein wichtiges Getränke" bezeichnet, „welches häufig gebraucht wird":[85]

„Da es für das gemeine Wesen überaus nüzlich ist, wenn gutes Bier gebraut und in billigen Preisen zu haben ist, so muß die Polizey allenthalben gute Aufsicht auf die Brauerey haben, das Bier auf einen billigen Preiß setzen, und dann durch öftere Nachsuchungen die Betrügereyen verhüten und zu entdecken suchen; zu dem Ende muß sie eine genaue und dem Zweck entsprechende Brauordnung einführen, die Meister darauf vereiden, und sie zu deren Beobachtung ernstlich anhalten.“

Staatswirtschaft

Im Jahre 1792 erschien in Marburg das letzte bedeutende wirtschaftswissenschaftliche Werk Jung-Stillings. Es trägt den Titel „Die Grundlehre der Staatswirthschaft“. Diese Veröffentlichung wendet sich an diejenigen, die in den Staatsdienst treten möchten.

Das Buch gibt einen Überblick über das gesamte Gebiet der *Staatswirtschaft,* wobei unter Staatswirtschaft die Regeln zur Befriedigung der Bedürfnisse des einzelnen und der Gesellschaft insgesamt verstanden werden (Vorrede S. 12).

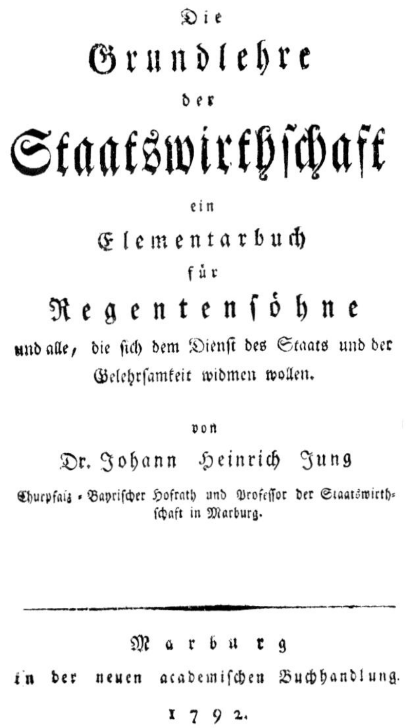

Die
Grundlehre
der
Staatswirthschaft
ein
Elementarbuch
für
Regentensöhne
und alle, die sich dem Dienst des Staats und der Gelehrsamkeit widmen wollen.

von
Dr. Johann Heinrich Jung
Churpfalz - Bayrischer Hofrath und Professor der Staatswirthschaft in Marburg.

Marburg
in der neuen academischen Buchhandlung.
1792.

Das Lehrbuch ist in zwei große Teile eingeteilt: Der erste Teil beschreibt den Wirkungskreis der Untertanen, die sogenannten *Gewerbewissenschaften,* der zweite Teil geht auf die *Regierungswissenschaften* oder Politik ein.

Die **Gewerbewissenschaften,** der erste Teil der Grundlehre der Staatswirtschaft, bilden die Grundlage für den Wohlstand der Untertanen. Deshalb muß der Regierende mit ihren Strukturen vertraut sein, um sie durch Gesetze regeln zu können.

Die Gewerbe lassen sich in drei Gruppen einteilen:

1. die Produktion, durch die die in der Natur vorkommenden Stoffe gewonnen werden,
2. die Fabrikation zur Verarbeitung der Stoffe und
3. der Handel zur Distribution der Fertigprodukte.

In dem Kapitel über die *Produktion* geht Jung-Stilling auf die Technologie der Metallwirtschaft sowie der Land- und Forstwirtschaft näher ein.

Die *Fabrikation* wird nach der Art der Arbeit in Handwerk, durch welches gleichbleibende Bedürfnisse befriedigt werden, und in Künste, die immer neue Arbeitsformen erfordern, unterschieden. Sowohl das Handwerk als auch die Künste können sich bei Fertigung von hohen Stückzahlen zu Fabriken ausdehnen.

In den Ausführungen zum *Handel* erläutert Jung-Stilling auch die Notwendigkeit einer kaufmännischen Buchführung und beschreibt die Vorzüge des doppelten Buchhaltens und einer detaillierten Kontenführung (§§ 608–610). Außerdem beschäftigt er sich mit Kredit- und Wechselgeschäften.

Den zweiten Teil der Grundlehre, die **Regierungswissenschaften,** unterteilt Jung-Stilling in die Bereiche Staatspolizei, Finanzwissenschaft und Nomokratie.

Die *Staatspolizei* führt die Gesetzgebung aus, die notwendig ist, um die Untertanen innerhalb der Gesellschaft dazu anzuhalten, daß die Bedürfnisse des einzelnen und der Gemeinschaft bestens befriedigt werden können. Zur Gesetzgebung sind die Rechtsgelehrtheit und die Kenntnis der Geschichte erforderlich.

Die *Finanzwissenschaft* besteht aus dem Finanzsystem, der Finanzverwaltung, den Finanzoperationen und dem Rechnungswesen.

Das Finanzsystem ist die Gesetzgebung zur Befriedigung der Bedürfnisse der regierenden Gewalt.

Die Finanzverwaltung muß darstellen, wie die verschiedenen Finanzquellen am besten zu verwalten sind.

Finanzoperationen sind die Mittel, die zur Finanzierung unvorhergesehener zusätzlicher Ausgaben anzuwenden sind.

Im Rahmen seiner Ausführungen über das Rechnungswesen betont Jung-Stilling, daß Staatsbedienstete, die Finanzquellen verwalten, zwingend über Einnahmen und Ausgaben Bücher führen müssen, weil Staatsbedienstete keine Eigentümer, sondern nur Verwalter sind. Auf diese Weise soll festgestellt werden, ob die Bediensteten ehrlich wirtschaften (§ 847).

Zur Erleichterung der Rechnungsführung und zur Vermeidung von Rechenfehlern wird eine chronologische Buchung der Geschäftsvorfälle im Tagebuch sowie eine Buchung anhand sachlicher Zusammenhänge verschiedener Posten im Manual empfohlen (§ 849), was Jung-Stilling bereits 1786 in seiner „Anleitung zur Cameral-Rechnungs-Wissenschaft" detailliert darstellte.

Die *Nomokratie* beschäftigt sich mit der anzustrebenden idealen Staatsform:[86]

> *„Das höchste Ideal der vollkommensten Staatsverfassung ist nur bey einem vollkommen gesitteten Volke, mithin in diesem Leben nie möglich; es besteht darinnen, daß jeder Bürger, jeder Mensch, nach dem Verhältniß seiner Urtheilskraft und seiner Macht, Theil an der regierenden Gewalt nimmt, folglich der weiseste und mächtigste immer nur Regent ist."*

„Staatswirthschaftliche Ideen"

Im Jahre 1798 erschien in Marburg das erste Heft der „Staatswirthschaftlichen Ideen". Jung-Stillings erklärter Zweck war es, mit dieser Schrift zu belehren und die Staatswohlfahrt zu fördern. Das Heft enthält acht Aufsätze zu verschiedenen, für die Staatswirtschaft seiner Zeit wichtigen Themen.

Jung-Stilling macht beispielsweise Vorschläge zur Verbesserung der Forstwirtschaft:[87]

> *„Waldungen wurden als Schauplätze der Jagdlustbarkeiten betrachtet, und vom Förster wurde gefordert, daß er ein Hirschgerechter Jäger seyn muste; die Holzwirtschaft war gleichsam Nebensache; diese lernte man so im Vorbeygang, und sie bestand blos darinn, daß man allenfalls eine Pflanzung anlegen, Holz anweisen, und nach dem bisherigen Schlendrian verabfolgen konnte; an ein wissenschaftliches Studium derselben dachte man so wenig, daß man vor 30 bis 40 Jahren noch darüber gelacht haben würde, wenn einer gefordert hätte, man müsse die Forstwissenschaft systematisch studiren."*

Er kritisiert die Verschwendung des Holzes und berichtet über Möglichkeiten zur Einsparung von Brennholz:[88] [89]

> *„Seit Jahrhunderten her ist besonders der Bauer in dem Wahn, das Holz sey ein gemeines Gut, und der Landes-Herr habe sich den*

Wald blos um der Jagd willen zugeeignet; daher macht sich auch der gewissenhafteste und rechtschaffenste Bauer aus dem Holzfrevel nichts.“

„In meiner vaterländischen Hauptstadt Siegen hingegen kochte man Fleisch und Gemüse für eine ganze Haushaltung, bey einer Hand voll kurz gebrochener Stecken und Reiser, und auch der Wohlhabende verthat wenig Holz, denn die Mägde waren ans Sparen gewöhnt; man begnügte sich mit einer mäsigen Stubenhitze, und glaubte auch hier, daß zu viel ungesund sey.“

In einem Aufsatz wird der Nutzen von Maschinen diskutiert, die in Fabriken zur Arbeitskräfteeinsparung führen:[90]

„Fragt man nun die Erfahrung aller Zeiten, so findet man allerdings, daß die Erfindung einer vielwürkenden Maschine, eine gewisse Anzahl Menschenhände, auf eine Zeitlang müßig macht, allein wo Industrie herrscht, da vervielfältigen sich die Beschäftigungen und Brot-Erwerbungen von Tag zu Tage, und jeder Fleißige findet bald wieder andere Arbeit; und gesezt auch die Eltern würden Nahrungsloß, so lernen doch dann die Kinder andere Professionen, und die Lücke wird bald wieder ausgefüllt.“

Jung-Stilling sieht insbesondere die wachstumsfördernden Wirkungen, die von den Fabriken ausgehen:[91]

„Wo die technischen Künste und Erfindungen blühen, da gedeyen auch die Fabricken, weil jene die Mühe erleichtern, die Fabrikate verschönern, und alles wohlfeiler machen, mithin den Absatz ins Grose befördern; wo aber die Fabricken blühen, da fehlts auch an Beschäftigung der Armen nicht.“

Der letzte Lebensabschnitt in Heidelberg und Karlsruhe

Jung-Stilling war insgesamt 16 Jahre Professor für Staatswirtschaftslehre in Marburg. Während dieser Zeit prägte er seine Disziplin entscheidend. Die Marburger Jahre können als die produktivste Periode seines Lebens bezeichnet werden. Er wirkte in Marburg als bedeutender Wirtschaftswissenschaftler und verfaßte zahlreiche literarische Werke, die ihm Weltruhm als Schriftsteller eintrugen.

1803 zog er im Alter von 63 Jahren nach Heidelberg, später nach Karlsruhe, wo er sich weniger als Wirtschaftswissenschaftler betätigte, sondern – als Berater des badischen Großherzogs Karl Friedrich – seine schriftstellerische Tätigkeit fortsetzen konnte.

Johann Heinrich Jung-Stilling lehrte als Wirtschaftswissenschaftler von 1778–1784 in Kaiserslautern, von 1784–1787 in Heidelberg und von 1787–1803 in Marburg. Während dieser Zeit hielt er Vorlesungen zu allen Gebieten der Staatswirtschaftslehre.

Er veröffentlichte in 45 Jahren ca. 60 Bücher und verfaßte über 50 Beiträge für Zeitschriften und Sammelwerke.

Grabstein Jung-Stillings im Museum Hilchenbach

Johann Heinrich Jung-Stilling als Professor der Kameralwissenschaften in Marburg von 1787 bis 1803

Auf einer Tafel am Marburger Haus Hofstatt 11 steht: „Selig sind, die das Heimweh haben, denn sie sollen nach Hause kommen.“

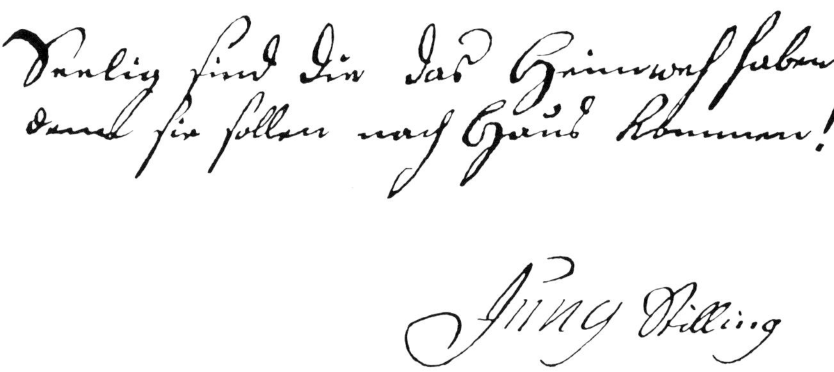

Hier wohnte von 1787–1803 der Professor der Kameralwissenschaften Johann Heinrich Jung gen. Stilling, eine der größten und bekanntesten Forscher- und Lehrerpersönlichkeiten der Universität Marburg.

Johann Heinrich Jung-Stilling wurde am 12. September 1740 in Grund in Westfalen im damaligen Fürstentum Nassau-Siegen geboren. Er entstammte einer streng pietistischen Familie. Bereits im Alter von 15 Jahren erhielt er die Stelle eines Schullehrers. Zwischendurch arbeitete er als Schneider und als Bediensteter bei einem Kaufmann. Während dieser Zeit bildete er sich weiter; er erwarb insbesondere Fremdsprachenkenntnisse. 1770 begann er ein Medizinstudium in Straßburg, das er 1772 mit der Promotion abschloß. Jung-Stilling praktizierte in Elberfeld, wo er durch seine Augenstaroperationen bekannt wurde. Im Jahre 1778 erhielt er einen Ruf als Professor der Ökonomie und der Kameralwissenschaften an die Kameralhochschule zu Kaiserslautern, nachdem er bereits als Medizinstudent in Straßburg Mitarbeiter und auswärtiges Mitglied der Staatswirtschaftlichen Gesellschaft in Kaiserslautern war. Weitere Stationen seiner Lehrtätigkeit waren Heidelberg und Marburg, bevor er im Jahre 1803 nach Heidelberg und später nach Karlsruhe übersiedelte, wo er bis zu seinem Tod am 2. April 1817 als freier Schriftsteller lebte.[92]

Berufung an die Universität Marburg

Im Februar 1787 erhielt Johann Heinrich Jung-Stilling eine Berufung als Professor der Ökonomie-, Finanz- und Kameralwissenschaften an die Universität von Marburg, die damals noch Philippina hieß.

Vor der Marburger Zeit war er bereits 6 Jahre lang in Kaiserslautern und 3 Jahre lang in Heidelberg tätig. Er hatte zahlreiche Lehrbücher auf seinem Fachgebiet veröffentlicht.

Die Marburger Hochschule war unter den Landgrafen Wilhelm VIII. und Friedrich II., die in den Jahren 1760–1785 regierten, stark vernachlässigt worden. Zu neuem Ansehen verhalf ihr Wilhelm IX.: Er sorgte für eine Verbesserung des medizinisch-naturwissenschaftlichen Unterrichts, indem er angesehene Gelehrte berief; er bewilligte neue Professuren, was sofort zu einer Steigerung der Studentenzahlen in Marburg führte.

Im Rahmen dieser Maßnahmen wurde auch Johann Heinrich Jung-Stilling berufen, der alle zur Staatswirtschaft gehörenden Wissenschaften lehren wollte.[93]

Jung-Stilling reiste im Frühjahr 1787 mit seiner Familie nach Marburg, wo er herzlich und freundschaftlich empfangen und aufgenommen wurde. Er, der viele Jahre als Arzt gearbeitet hatte, empfand seinen Beruf als Professor der Kameralwissenschaften als seine endgültige Bestimmung und Marburg als den Ort, an dem er den Rest seines Lebens wirken wollte.

Die Stadt beschrieb er lebendig und ausführlich in dem seiner Marburger Zeit gewidmeten Kapitel seiner Lebensgeschichte:[94]

Stadtansicht von Marburg (Stich, 1807)

„Sie liegt krumm, schief, und bucklicht, unter einer alten Burg, den Berg hinab; ihre enge Gassen, leimene Häuser, u.s.w. machen bey dem, der nur bloß durchreist, oder den Ort nur oberflächlich kennen lernt, einen nachtheiligen, aber im Grunde ungerechten Eindruck: denn so bald man das Innere des gesellschaftlichen Lebens - die Menschen in ihrer wahren Gestalt - dort kennen lernt, so findet man eine Herzlichkeit, eine solche werkthätige Freundschaft, wie man sie schwerlich an einem andern Ort antreffen wird.“

Stadtansicht von Marburg (Stich, 1807)

Jung-Stillings Lehrprogramm

Auf diese Weise von der Umgebung seines neuen Wirkungskreises beeindruckt, konzentrierte sich Jung-Stilling ganz auf seinen Lehrauftrag und beabsichtigte, alle unmittelbar zur Staatswirtschaft gehörenden Wissenschaften innerhalb eines Jahres vorzutragen.

Im Sommer wollte er die Gewerbewissenschaften behandeln: Landwirtschaft und Forstwirtschaft, wofür er bereits in Kaiserslautern Lehrbücher geschrieben hatte, sowie Handlungs- und Fabrikwissenschaft, für die er Lehrbücher in Heidelberg herausgegeben hatte.

Im Winter waren Bergbau, Polizeiwissenschaft und Finanzwissenschaft angesetzt sowie die Kameralwissenschaften, die Jung-Stilling bereits in seinem ersten staatswirtschaftlichen Lehrbuch in Kaiserslautern behandelt hatte. Während seiner Lehrtätigkeit in Heidelberg hatte er das kameralistische Buchhaltungssystem veröffentlicht.

Jung-Stilling lehrte nun die Gewerbe- und die Regierungswissenschaften selbst, er empfand es jedoch als einen Mangel, daß die dazugehörigen Hilfswissenschaften, so zum Beispiel die Naturwissenschaften und die Mathematik, nicht angeboten wurden, da seiner Meinung nach ein zukünftiger Staatswirt auch diese Gebiete – als vorbereitende Wissenschaften – beherrschen mußte.

Antrittsrede anläßlich der Übernahme der Professur

Bevor Jung-Stilling seine Lehrtätigkeit aufnahm, stellte er sich der Marburger Hochschule in einer feierlichen Antrittsrede vor. Er hielt seine *„Antrittsrede über den Ursprung, Fortgang und die Lehrmethode der Staatswirthschaft“* am 4. Juli 1787 in Gegenwart des Landgrafen Wilhelm IX., der seine Berufung durch ein Reskript veranlaßt hatte.

In der Vorrede betont er seinen Glauben, von Gott an diesen Ort bestimmt worden zu sein und seine Lebensaufgabe erhalten zu haben. Jung-Stilling bekundet seine Ergebenheit gegenüber seiner neuen Heimat, dem Landesherren, seinen Kollegen und den Studierenden, die er als „Teutschlands Blüthe und Hoffnung der Zukunft“ bezeichnet. Er sieht alle seine Wünsche in Marburg erfüllt.

In seiner Antrittsrede geht er auf das Wesen, die Anfänge, das Wachstum, den Fortgang und die Lehrmethode der Wissenschaft ein, die er in Marburg zu lehren hat, nämlich der Staatswirtschaft.

Unter Wirtschaft und Ökonomie versteht er alle Handlungen, durch die aus den vorhandenen Ressourcen mit Hilfe geeigneter Mittel der größte und beste Ertrag gewonnen wird, um mit diesem die eigene und die Wohlfahrt der Mitmenschen derart zu fördern, daß insgesamt der größtmögliche Nutzen gestiftet wird.

Jung-Stilling unterscheidet in seiner Staatswirtschaft drei verschiedene Arten von Wirtschaftssubjekten: erstens solche, die sich mit der Produktion beschäftigen, zweitens solche, die die Rohmaterialien zu Fertigprodukten aufbereiten, und drittens solche, die den Handel mit den Fertigprodukten übernehmen.

Die Produktion befaßt sich mit der Gewinnung und der Veredelung von Bodenschätzen, mit dem Bergbau sowie mit dem Forstwesen und der Landwirtschaft, bestehend aus Ackerbau und Viehzucht. Jung-Stilling verweist insbesondere auf die Bedeutung der Landwirtschaft, die als Nahrungsquelle für die Untertanen auch die Herrscher stütze.

Der zweite Erwerbszweig beschäftigt sich mit der Aufbereitung der durch die Produktionswirtschaft gewonnenen Rohmaterialien zu Fertigprodukten. Zu dieser Gattung zählen die Handwerker und Fabrikanten, die in der Landwirtschaft erwirtschaftete Überschüsse aufkaufen und veredeln sowie Rohstoffe zu nutzenstiftenden Gebrauchsgütern verarbeiten.

Die Kaufleute und Händler zählt er zu dem dritten Erwerbszweig. Sie bringen die gebrauchsfertigen Güter dorthin, wo Mangel herrscht; sie profitieren also von der Entdeckung und Beseitigung von Engpässen in der Versorgung mit knappen Gütern. Weiterhin wird dadurch die Versorgung mit Devisen gesichert sowie das inländische Geld in einem nutzenstiftenden Umschwung gehalten.[95]

Um den größtmöglichen Nutzen zu erreichen, muß es in jeder Wirtschaft Regeln geben, mit deren Hilfe diese Ziele verwirklicht werden können. Diese Grundsätze müssen nach Jung-Stilling aus der Natur und der Erfahrung stammen und in ein System gebracht werden, welches dann die Wissenschaft ausmacht. Die Regierenden haben den größten Einfluß auf die Förderung der Wohlfahrt der Menschen. Diese sei die wichtigste Aufgabe des Souveräns.

Unter Staatswirtschaft sind also alle Handlungen zu verstehen, durch die die verschiedenen Gewerbearten in einem Staat, nämlich

(1.) die Landwirtschaft, der Bergbau und das Forstwesen,
(2.) die Handwerker und die Fabrikanten sowie
(3.) die Kaufleute und Händler

zu Wohlstand kommen; dadurch wird auch der Staat insgesamt gefördert. Jung-Stilling betont aber auch, daß die Führung einer Staatswirtschaft einer gründlichen Vorbereitung bedarf sowie die Kenntnis der Geschichte und der Staatsverfassung voraussetzt.

Er geht auf die Ursprünge der Staatswirtschaft in Europa ein, die er in England im späten 16. Jahrhundert ansiedelt. In den meisten europäischen Staaten fehlte es seiner Meinung nach an Industrie und einer funktionierenden Staatswirtschaft, da sich diese Staaten vornehmlich auf Eroberungen und Kriegführung konzentriert hätten.

Die Anfänge einer Staatswirtschaft in Deutschland sieht Jung-Stilling in der Mitte des 17. Jahrhunderts, angeregt durch Schriften von Spaniern und Franzosen. Die ersten deutschen Fürsten, die nach den Grundsätzen der Staatswirtschaft handelten, orientierten sich an der französischen Industrie.

Das Wachstum der Staatswirtschaft verbindet Jung-Stilling in seiner Antrittsrede mit Friedrich Wilhelm I. von Preußen, der zu Beginn des 18. Jahrhunderts die ersten Lehrer für das ökonomische Lehrfach berief. Gleichzeitig entstanden gelehrte Gesellschaften und Institute, beispielsweise in Kaiserslautern, die die Förderung dieser Disziplin anstrebten.[96]

Die Staatswirtschaft hat nach Jung-Stilling den Zweck, den Staatsreichtum und dadurch den Wohlstand der Regierung und des Volkes zu mehren, was durch den Ausbau des Gewerbes geschieht.

Damit der Staatsbedienstete das Gewerbe fördern kann, muß er die verschiedenen Gewerbe intensiv studiert haben und verstehen. Da das Ver-

J: Gundlach del: S: Halle sculps: Berol: 1789.

ständnis des Gewerbes aber auch Vorkenntnisse der Mathematik und der Naturwissenschaften verlangt, fordert Jung-Stilling in seiner Antrittsrede, diese Wissenschaften auch zu lehren.

Er erläutert sein geplantes Lehrprogramm, bestehend aus den Gewerbewissenschaften und den Regierungswissenschaften. Die Finanzwissenschaft lehrt, wie die Staatsgüter am besten zu verwalten sind, um den größtmöglichen Ertrag zu erzielen, und wie noch fehlende Mittel von den Gewerbetreibenden erhoben werden können, die dann – unter Vermeidung von Betrug – in die Staatskasse gelangen sollen.

Die Rechnungsführung und die Rechnungsprüfung sind bei Jung-Stilling eine eigenständige Vorlesung.

Die eigentliche Staatswirtschaft oder Staatshaushaltung hat der Frage nachzugehen, wie die erwirtschafteten Mittel am zweckmäßigsten zu verwenden sind, um bei geringem Aufwand größtmöglichen Nutzen zu stiften.[97]

Jung-Stilling geht auf die hohe Verantwortung ein, die der Staatsdienst erfordert; er schlägt ein gründliches Studium und eine anschließende grundlegende praktische Ausbildung vor, indem der Bedienstete erst bei der Buchführung hilft, dann selbst eine kleinere Verwaltung übernimmt und entsprechend der jeweiligen Qualifikation aufsteigt, wobei spätere Weiterbildung als unerläßlich angesehen wird.

Jung-Stilling verspricht, sich mit all seinen Kräften auf seine Aufgabe zu konzentrieren. Am Schluß seiner Antrittsrede spricht er Segenswünsche für seine neue Heimat aus.

Wirtschaftswissenschaftliche Lehrbücher

Seine Bemühungen, der Verpflichtung gerecht zu werden, zeigen sich in den umfangreichen Lehrbüchern, die er in Marburg begleitend zu seinen Vorlesungen veröffentlicht. Den Anfang bildete sein „Lehrbuch der Staats-Polizey-Wissenschaft“, das er bereits 1788 veröffentlichte und in dessen Vorrede er seinen bisherigen Lebensweg schildert.

Im Jahre 1789 folgte das „Lehrbuch der Finanz-Wissenschaft“, in dem Jung-Stilling auf die Berechnung der Summe der Staatsausgaben und die Verwaltung der Finanzquellen eingeht, die zur Finanzierung der Ausgaben herangezogen werden.

Sein „Lehrbuch der Cameral-Wissenschaft oder Cameral-Praxis“ aus dem Jahre 1790 enthält die Grundsätze, nach denen staatliche Betriebe aus den verschiedenen Wirtschaftszweigen und die daraus resultierenden Einnahmen verwaltet werden sollen.

Das letzte große wirtschaftswissenschaftliche Werk Jung-Stillings trägt den Titel „Die Grundlehre der Staatswirthschaft". In dieser Publikation systematisiert er die gesamten Staatswissenschaften, die er in die Gewerbewissenschaften, bestehend aus Produktion, Fabrikation und Handel, und in die Regierungswissenschaften oder Politik, bestehend aus Staatspolizei, Finanzwirtschaft und Nomokratie, unterteilt. Mit all diesen Teilbereichen sind verschiedene Wissenschaftszweige verbunden, die in ihrer Gesamtheit die Kameralwissenschaft ausmachen.

Die Stellung der Staatswirtschaftslehre an der Marburger Universität

Jung-Stilling beschränkte seine Bemühungen nicht nur auf das ihm anvertraute Lehrgebiet. Seit seiner Ankunft in Marburg setzte er sich für die Staatswirtschaft als festen Bestandteil des Lehrprogramms der Philippina ein.

Die Staatswirtschaft war zu dieser Zeit noch eine relativ junge Wissenschaft, die ihre Stellung gegenüber den etablierten Fakultäten, wie der juristischen oder der philosophischen, erst behaupten mußte. Das ökonomische Lehrfach wurde erst an wenigen Universitäten angeboten, und sein Verhältnis zu den anderen Fächern war noch nicht einheitlich geregelt.

Jung-Stilling, der als Mitbegründer des wirtschaftswissenschaftlichen Fachgebietes in Marburg angesehen werden kann, lieferte die entscheidenden Anregungen für die Stellung dieser Wissenschaften innerhalb der Universität. Er leistete damit auch einen wichtigen Beitrag für das Ansehen der Marburger Universität auf überregionaler Ebene.

Im Jahre 1789 wurde an der Universität Rinteln in Niedersachsen eine Kameralfakultät gegründet. Landgraf Wilhelm IX. von Hessen-Kassel ließ die Marburger Professoren darüber befinden, ob auch in Marburg die Einrichtung einer solchen Fakultät sinnvoll sei. Die Einrichtung einer eigenen Fakultät fand jedoch in Marburg keine allgemeine Zustimmung unter besonderem Hinweis auf die wenig erfolgreiche Situation anderer Hochschulen.

Die staatswirtschaftlichen Disziplinen wurden in Marburg – wie an einigen anderen Universitäten – im Rahmen der philosophischen Fakultät gelehrt. Jung-Stilling lehnt in seiner Stellungnahme die Einrichtung einer eigenen kameralistischen Fakultät ab. Er verweist auf die bestehenden vier Fakultäten, deren vornehmliches Recht es sei, Kandidaten zu promovieren. Für künftige Staatsbedienstete verneint er jedoch die Notwendigkeit der Promotion, da es dabei mehr auf Geschicklichkeit und Talent als auf Wissenschaftlichkeit ankäme.

Der Vorschlag zur Bildung einer staatswirtschaftlichen Gesellschaft

Anstelle einer neuen Fakultät schlägt Jung-Stilling die Bildung einer besonderen Gesellschaft vor, die sich aus Lehrern der philosophischen, juristischen und medizinischen Fakultäten zusammensetzen sollte, ohne sich jedoch von diesen zu trennen. Diese Hochschullehrer sollten sich zu einer staatswirtschaftlichen Abteilung innerhalb der philosophischen Fakultät zusammenfinden und einen eigenen Vorsteher wählen.

Diese Einrichtung soll die Belange des staatswirtschaftlichen Studiums in Marburg fördern. Jung-Stilling weist auf sein ausgedehntes staatswirtschaftliches Lehrprogramm hin, bemerkt aber, daß die einschlägigen Hilfswissenschaften auch vorgetragen werden müßten.

Dazu empfiehlt er Professoren für die Fächer Naturgeschichte, Physik, Chemie, angewandte Mathematik, Statistik, Geschichte, Naturrecht und Vieharzneikunde.[98]

Jung-Stillings Votum wurde dem Landgrafen übermittelt, der sich damit einverstanden erklärte und Jung-Stilling beauftragte, ein Gutachten zu erstellen. In diesem erläutert Jung-Stilling, warum die Gründung einer Gesellschaft einer neuen Fakultät vorgezogen werden soll.

Da die Staatswirtschaft erst eine im Aufbau befindliche Wissenschaft sei, erfordere sie ein zweifaches Vorgehen: Einerseits müsse eine gelehrte Gesellschaft gebildet werden, um die Wissenschaft selbst zu entwickeln und zu ordnen, andererseits solle ein Kollegium von Lehrern die geordnete und entwickelte Wissenschaft den Studierenden vermitteln.

Demgemäß bestand die Aufgabe der staatswirtschaftlichen Gesellschaft darin, Vorlesungen zu halten und Abhandlungen auszuarbeiten und zu veröffentlichen, um sich in der Öffentlichkeit zu legitimieren. Nach Jung-Stilling war es Zweck des Instituts, gute Staatsbedienstete auszubilden. Schließlich war vorgesehen, daß alle, die eine Verwaltung übernehmen wollten, in Marburg oder in Rinteln eine Prüfung abzulegen hätten.

Das Lehrgebiet des Instituts sollte sich neben den bereits von Jung-Stilling gehaltenen staatswirtschaftlichen Vorlesungen auf die von ihm vorgeschlagenen Hilfswissenschaften erstrecken. Dazu sollten sieben Mitglieder für das Institut berufen werden, deren Vorsteher der Reihe nach unter den Mitgliedern wechseln sollte.

Das „Institutum Oeconomico Politicum"

Bereits am 12. September 1789 wurde ein landgräflicher Erlaß zur Einrichtung des „Staatswirthschaftlichen Instituts" herausgegeben, welches „zur Beförderung Staatswirthschaftlicher Kenntniße" dienen sollte.

Dieses „Institutum Oeconomico Politicum", in dessen Statut im wesentlichen die Vorschläge Jung-Stillings aufgegriffen wurden, stellte ein eigenständiges Kollegium dar, ohne jedoch die Stellung seiner Mitglieder zu ihren jeweiligen Fakultäten zu ändern. Die Mitglieder des Instituts waren verpflichtet, die der Staatswirtschaft dienenden Vorlesungen an der Marburger Universität zu halten. Sie sollten neben der Vorlesungstätigkeit auch Gutachten abfassen und Prüfungen abnehmen.[99]

Jung-Stilling entwarf ein Zeitungsinserat, mit dem die Gründung des Instituts überregional bekannt wurde. Es enthielt das Lehrprogramm des Staatswirtschaftlichen Instituts sowie eine kurze Erläuterung seiner Aufgaben und seiner Stellung innerhalb der Universität.[100]

Treuhandseminar Jung-Stilling heute, Universitätsstraße 24

Am 13. Mai 1790 hielt Jung-Stilling die Eröffnungsrede des neugegründeten Instituts. Bereits im selben Jahr erschien ein Band „Abhandlungen des Staatswirthschaftlichen Instituts zu Marburg".

Das Staatswirtschaftliche Institut, das als Staatswissenschaftliches Seminar weitergeführt wurde, wurde erst im Zuge der Hochschulreformen im Jahre 1970 aufgelöst.[101]

Jung-Stillings Wirkungskreis in Marburg

1790 starb Jung-Stillings zweite Frau Selma. Noch im November des gleichen Jahres schloß er seine dritte Ehe mit Elise Coing, der ältesten Tochter des Marburger Theologieprofessors Johann Franz Coing. Selma, die ihren frühen Tod vorausgeahnt hatte, empfahl ihrem Mann die Heirat mit ihrer Freundin Elise, um den Haushalt und die Kinder versorgt zu wissen.

Jung-Stilling erwähnt in seiner Lebensgeschichte die freundschaftliche Verbindung mit der Familie Coing seit seiner Ankunft in Marburg, die er als ein „Muster christlicher und häuslicher Tugenden" beschreibt.

Neben seiner akademischen Lehrtätigkeit reiste Jung-Stilling häufig zu Augenkranken, da er im ganzen Land wegen seiner sehr erfolgreich durchgeführten Operationen des grauen Stars berühmt war. Im Laufe seines Lebens hat er mehr als 2000 solcher Augenoperationen mit Erfolg durchgeführt. Seine religiöse Korrespondenz nahm in dieser Zeit ein beachtliches Ausmaß an.

Seinen Marburger Wirkungskreis beschreibt er in seiner Lebensgeschichte:[102]

> *„Er schrieb sein großes und weitläuftiges Lehrbuch der Staats-Polizey, seine Finanzwissenschaft, das Camerale practicum; die Grundlehre der Staatswirthschaft, Heinrich Stillings häusliches Leben, und sonst noch viele kleine Abhandlungen und Flugschriften mehr; wobey dann auch die Staar- und Augencuren ununterbrochen fortgesetzt wurden. Er las täglich vier zuweilen auch fünf Stunden Collegien, und sein Briefwechsel wurde auch immer stärker, so daß er aus allen seinen Kräften arbeiten mußte, um seinen großen und schweren Würkungskreis im Umschwung zu erhalten."*

Überzeugt fügt er aber hinzu: „Doch wurde ihm alles dadurch um vieles erleichtert, daß er in Marburg lebte." Seine Liebe zu Marburg und sein inniger Vorsehungsglaube entschädigten ihn für die Aufgabenfülle, die er als Ordinarius der Staatswirtschaftslehre an der Philippina, als praktizierender Augenarzt und in zunehmendem Maße auch als Seelsorger und Theologe zu bewältigen hatte.

Jung-Stilling hielt seine staatswirtschaftlichen Vorlesungen in seinem Haus In der Hofstatt 11, das auch heute noch erhalten ist. Während des Sommers mietete er ein kleines Haus in Ockershausen, damals noch als ein Dorf, das 15 Minuten von Marburg entfernt liegt, beschrieben.

Haus In der Hofstatt 11 vor der Renovierung

Neben seiner praktischen Tätigkeit setzte er sich auch mit den geistigen Strömungen und dem sozialen Leben seiner Zeit auseinander. Er beschreibt seinen inneren Kampf mit der philosophischen Lehre des Determinismus und die Auflösung seiner Zweifel durch die Schriften Immanuel Kants.

Durch seinen großen Bekanntenkreis in Marburg und seine auf zahlreichen Reisen neu gewonnenen Freunde wuchs seine Korrespondenz, die sich auf christliche Fragen und Probleme des geistigen und sozialen Lebens erstreckte, stark an. Er machte die Bekanntschaft großer Persönlichkeiten aus dem geistigen und politischen Leben seiner Zeit, die ihn um Rat baten.

Im Jahre 1792 erhielt Jung-Stilling noch zusätzliche Verantwortung durch seine Wahl zum Prorektor der Universität. Über dieses von der Universität erhaltene Amt schreibt er:[103]

> *„Sie hat diese Würde immer in großer Achtung erhalten, aber dagegen ist auch dies Amt auf keiner Universität so schwer zu verwalten als auf dieser. Stilling trat es mit Zuversicht auf den göttlichen Beystand an, und warlich! er bedurfte ihn auch in diesem Jahre, mehr als je."*

Literarische Tätigkeit

Im Jahre 1792 fiel die französische Armee in Hessen ein. Jung-Stilling spürte in der französischen Lebensart, die durch die Aufklärung beeinflußt war und auch beim deutschen Adel zunehmenden Zuspruch fand, eine Gefahr für das Christentum, welche nur durch die Erneuerung sittlicher Werte und christlicher Tugenden zurückzudrängen sei.

Unter diesem Eindruck entstanden seine großen Werke zur Belehrung und Erbauung der Leser. Seine „Scenen aus dem Geisterreiche" erschienen in zwei Bänden. Der berühmte Roman „Heimweh", der in den Jahren 1793/94 entstand, beschreibt den Buß-, Bekehrungs- und Heiligungsweg des wahren Christen in dem Bild einer Reise zur himmlischen Heimat. Dieses in vier Bänden erschienene Werk löste einen ungeahnten Beifall aus, es wurde selbst in Amerika und Asien gelesen, und Jung-Stilling erhielt aus allen Teilen der Welt Briefe, in denen dieser Roman gewürdigt wurde.

Diese Reaktionen lösten bei ihm Zweifel an seinem akademischen Lehramt als seinem eigentlichen Beruf aus. Er gewann die innere Überzeugung, die seiner Neigung entsprach, zum Besten des Christentums zu wir-

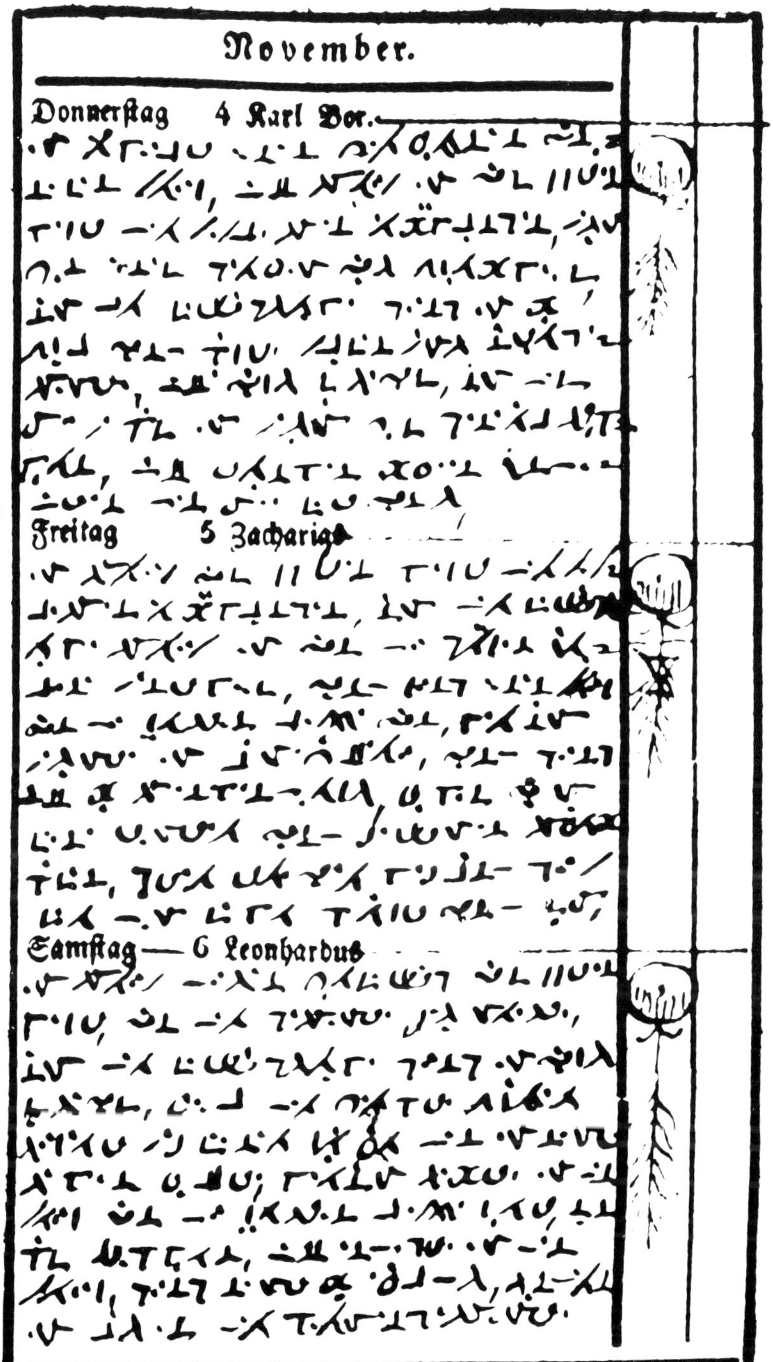

Jung-Stillings Geheimschrift (Seite aus seinem Tagebuch)

ken, was auch schon bisher die Ursache für seine religiöse Nebenbeschäftigung war. Außerdem kam in den vielen Briefen, die Jung-Stilling erhielt, der Wunsch zum Ausdruck, er möge sich zukünftig noch stärker der Religion widmen.

Probleme bei der Ausübung seiner Professur

Eine weitere Anfechtung sah er darin,

> *„daß um eben diese Zeit die akademischen Orden und der Revolutionsgeist in Marburg unter den Studirenden herrschend waren, wodurch ihr ganzes Wesen mit solchen Grundsätzen und Gesinnungen angefüllt wurde, die den Lehren, welche Stilling vortrug, schnurgerade entgegen waren; daher nahm die Anzahl seiner Zuhörer immer mehr und mehr ab, und der Geist der Zeit, die herrschende Denkungsart, und die allgemeine Richtung der deutschen Cameral-Politik, ließen ihm keinen Schimmer von Hoffnung übrig, daß er fernerhin durch seine staatswirthschaftlichen Grundsätze Nutzen stiften würde".*[104]

Jung-Stillings fester Wille zur Pflichterfüllung und seine Treue zum Landesfürsten ließen ihn aber weiterhin in seinem Amt wirken. In den Jahren 1795 und 1802 war er Vorsteher des von ihm mitgegründeten Staatswirtschaftlichen Instituts in Marburg.

Seit 1795 gab er eine Volkszeitschrift unter dem Titel „Der Graue Mann" heraus, die aufgrund ihres großen Erfolgs viele Jahre fortgesetzt wurde. Später erschien die „Siegesgeschichte der christlichen Religion", eine prophetische Auslegung der Johannes-Apokalypse.

Im Jahre 1796 holte Jung-Stilling seinen 80jährigen Vater in sein Haus nach Marburg, wo er von Jung-Stillings Gattin Elise gepflegt wurde.

Die folgenden Jahre waren durch einen starken Zulauf von Augenkranken, eine weitreichende religiöse Korrespondenz und einen starken Rückgang des staatswirtschaftlichen Studiums in Marburg gekennzeichnet:[105]

> *„Das Kameralstudium fieng in Marburg an aus der Mode zu kommen, und dann nahm auch die Anzahl der Studirenden, aus allgemein bekannten Ursachen in allen Fakultäten ab, und dieser unfruchtbare immer rückwärts gehende Beruf war es denn doch, für den Stilling besoldet wurde."*

Im März 1801 traten Jung-Stilling und Elise von Marburg aus ihre erste Reise in die Schweiz an. Er behandelte dort Augenkranke und machte zahlreiche wichtige Bekanntschaften. Von einem dankbaren Patienten bekam er viel Geld, das er später zur Tilgung seiner Schulden in Marburg verwendete, die durch seinen großen Haushalt und seine Hilfsbereitschaft gegenüber Armen entstanden waren.

Auf dem Rückweg nach Marburg erhielt er eine Audienz bei dem Kurfürsten und späteren Großherzog Karl Friedrich von Baden in Karlsruhe, der seinen Roman „Heimweh“ mit großer Begeisterung gelesen hatte. Diese Begegnung sollte seinen späteren Lebensweg entscheidend prägen.

Jung-Stillings akademischer Beruf wurde in Marburg immer schwieriger, da einerseits die gesamte Universität von sinkenden Studentenzahlen betroffen und andererseits insbesondere das staatswirtschaftliche Studium nicht sehr einträglich war:[106]

> *„Die deutsche Entschädigung hatte die Provinzen, aus denen gewöhnlich die Universität Marburg besucht wurde, an andere Regenten gebracht, die selbst Universitäten haben, wohin also nun ihre jungen Leute gehen, und da studiren müssen; die Zahl der Studirenden wurde also merklich kleiner, und wer noch studirte, der wendete sich zu den Brodstudien, zu welchen das Kameralfach nicht gehört; und endlich wird man auch auf allen Universitäten eine Abnahme des Triebs zum Studiren bemerken.“*

Jung-Stillings Gewissen war dadurch sehr stark belastet, daß er seiner Meinung nach zu wenig für seine Besoldung leisten konnte.

Im September 1802 trat er seine zweite Reise in die Schweiz an, kurz nachdem sein Vater nach langer Krankheit in Marburg gestorben war. Auf dem Heimweg erhielt er durch den Großherzog von Baden ein Angebot, das ihm eine ausschließlich schriftstellerische und medizinische Tätigkeit in Aussicht stellte.

Abschied von Marburg

Jung-Stilling war stark gekränkt, daß seine Zeitschrift „Der Graue Mann“ 1803 Anlaß für ein Reskript war, nach dem alle Marburger Professoren ihre Veröffentlichungen vorher durch den Dekan prüfen lassen mußten. Im Herbst desselben Jahres nahm er das Angebot des badischen Großherzogs an und zog im September nach Heidelberg.

Unter der Marburger Bevölkerung wurde sein Entschluß sehr beklagt, und sein Abschied fiel sehr herzlich aus. Die Marburger Zeit zählte unbestritten zu den fruchtbarsten Jahren seines Lebens.

In Marburg wird die Erinnerung an sein 16jähriges Wirken durch eine Tafel an seinem Haus In der Hofstatt 11 wachgehalten, auf der die berühmte Sentenz aus dem Roman „Heimweh“ zu lesen ist:

> *„Selig sind, die das Heimweh haben,*
> *denn sie sollen nach Hause kommen.“*

Tafel am Haus In der Hofstatt 11

Aquatintablatt von Franz Hegi (1774–1850) nach Zeichnung von Marquart Wocher, 1801

Antrittsrede

über den

Ursprung, Fortgang und die Lehrmethode

der

Staatswirthschaft.

In

höchster Gegenwart

Sr. Hochfürstlichen Durchlaucht

Wilhelm des Neunten,

Landgrafen zu Hessen rc.

gehalten

von

Dr. Johann Heinrich Jung

ordentlicher öffentlicher Lehrer der Oeconomie

Finanz und Cameralwissenschaften,

den 4ten July 1787.

Marburg,

in der neuen Academischen Buchhandlung.

Durchlauchtigster Vater des Vaterlandes!

Glorwürdigster Rector dieser Universität!

Theuerster Fürst und Herr!

Nach Stand und Würden allerseits Hoch-zuehrende Versammlung!

Bis hieher hat mich nun die hohe Vorsehung, durch manchen sauren Tritt — durch viele schwere Kämpfe — und durchwachte Nächte geleitet. Diese, durch eine glänzende Reyhe berühmter und gelehrter Männer weit und breit bekannte Universität, scheint das Ziel zu seyn, wozu mich der, der den Vögeln des Himmels Speise, und den Lilien des Feldes Schmuck giebt, der der Menschen einzelne Schritte und Tritte lenkt, von der Wiegen an vorbereitet, und mit väterlicher Hand geführet hat. Dank sey dem allgütigen Gott! — Dank unserm besten Fürsten! — auf dessen Wink Sie Väter und Brüder mich hieher berufen haben! — Dank auch Ihnen, für alle Liebe und Freundschaft, mit der Sie mich alle ohne Ausnahme, in Ihren würdigen Creys aufgenommen haben! — Klein sind meine Kräfte! — und wer ist allen seinen Pflichten vollkommen gewachsen? — Aber glühend ist mein Verlangen — und mein Eifer unüberwindlich sie alle — alle zu erfüllen. Wahre geläuterte Furcht Gottes — unumschränkte Liebe zu diesem neuen Vaterland. — kindlich treuer Gehorsam gegen Vater Wilhelms, des Apolls unsers Musensitzes, Willen und Verordnungen — treue warme Brudergesinnung gegen jeden einzelnen Lehrer, gegen jedes Mitglied unsers Consistorii — überströmende Herzensfülle, gegen alle die edlen Jünglinge, Teutschlands Blüthe und Hoffnung der Zukunft, die hier studieren, um für sie fruchtbare Känntnisse zu sammlen, und sie wieder in ihre Seelen auszusäen! — inniges Wohlwollen gegen diese theure Stadt und in derselben wohnende Dienerschaft und Bürger, und gegen das uralte berühmte biedere und mannhafte Volk der Hessen, — das waren die Gefühle, die ich mir mit Thränen zu erflehen suchte, als ich Marburg von weitem erblickte; — meine Wünsche sind erfüllt — dem alle die-

diese Gesinnungen haben in meinem Herzen tiefe Wurzel geschlagen, und nun freue ich mich meines neuen Postens.

Doch wozu Wortgepränge? — Die Gottheit redet zu Ihren Menschen durch Handlungen — durch **Werke** — und sie ist das Muster eines jeden vernünftigen Wesens — folglich auch die Linie, zu welcher ich eine Assymptote bin.

Ich gehe also zu meinem Zweck über.

Ich bin als Lehrer der Oeconomie, Finanz- und Cameralwissenschaften hieher berufen worden, folglich kan ich zu dieser meiner feyerlichen Antrittsrede keinen schicklichern Gegenstand wählen, als wenn ich von dem Wesen, dem Anfang, Wachsthum, Fortgang und der Lehrmethode dieser Wissenschaften, die ich alle zusammen mit einem Wort die Staatswirthschaft nenne, vor dieser erlauchten Versammlung Rechenschaft ablege.

Wirthschaft, **Oekonomie**, überhaupt genommen, ist der ganze Inbegrif aller Handlungen, wodurch der Erwerber aus seiner Nahrungsquelle, durch die rechtmäßigsten und schicklichsten Erwerbungsmittel, den grösten und besten Ertrag gewinnt; dann mit demselben seine eigene und seines Nebenmenschen Glückseeligkeit dergestalt befördert, daß der höchstmögliche reine Ertrag dadurch erübriget werde.

Nun bestehen in jeder Staatsverfassung dreyerley Gattungen der Wirthschaft; daher auch dreyerley Nahrungsstände, oder drey Classen der Unterthanen.

Die erste beschäftiget sich mit der Production, indem sie der ehrwürdigen Mutter Natur ihre Schätze entlockt, und durch die dienende Kunst ihre Erzeugungen veredelt und vermehrt, und sie der gesammten Menschheit vom Fürsten bis zum Bettler darbietet. Diese Classe enthält das Forstwesen, den Bergbau und die eigentliche Landwirthschaft, das ist Ackerbau und Viehzucht.

Die Bauren — die Landwirthe, sind also die ersten und nützlichsten Glieder des Staats, sie sitzen an der reinen und lautern Quelle der Natur, und schöpfen Hülle und Fülle des Lebens für sich, und die ganze Menschheit, sie sind die eigentlichste, erste, und festeste Stütze des Throns, und die schönsten Kleynode in dem Diadem des Fürsten.

Weiße und glücklich ist der Regent, der sichs

zur

zur höchsten Sorge macht, die Landwirthschaft empor zu bringen! — Treu und fromm sind die Diener des Staats die Ihn darinnen unterstützen. Nicht allein Marmorsäulen — denn das sind kalte Denkmähler — sondern fruchtbare Liebe aller Unterthanen, aller Menschen, — die sich in seegensvollen Ueberlieferungen zu den spätsten Urenkeln fortpflanzt, und im Tode mit Seraphsschwingen den gottähnlichen Geist zu seiner Urquelle hinträgt, wird sein Lohn sein.

Die zweyte Gattung der erwerbenden Unterthanen beschäftiget sich mit der Zubereitung der durch die Productionswirthschaft gewonnenen rohen Materialien zu Befriedigungsmitteln, sie begreift also alle Handwerksleute, Fabrikanten und Künstler in sich. Auch diese Menschenclasse ist sehr schätzbar, denn sie kauft dem Landmann seinen Ueberfluß ab, ohne welches er elend, und seine ganze Production blos auf die allerwesentlichsten Befriedigungsmittel eingeschränkt seyn würde. Und wir andere Erdensöhne müsten ohne den Handwerksmann, unsern Nachbarn den Thieren ihre Kleider abborgen, und mit geschwielten bloßen Füßen wiedrum die einsamen dornigten Pfade der Urväter durchpilgern. Wohl uns daß wir durch die Unterstützung der biederen und fleißigen Classe der Handwerksleute alle Bequemlichkeiten des Lebens haben! — Aber freilich, fände auch wohl hier ein Wehe uns! statt, wenn der heutige feyerliche, in unsern Annalen unvergeßliche Tag, Erinnerungen an des Luxus Fluch und Verderben zulassen könnte.

Wenn also der Regent die Landwirthschaft empor bringen will, so muß er ihr durch Beförderung der Handwerker, Fabricken und Künste hinlänglichen Absatz verschaffen.

Endlich machen die Kauf- und Handelsleute die dritte Gattung der erwerbenden Unterthanen aus. Wenn der Landwirth und der Fabricant die Producten erzielt und zu Befriedigungsmitteln ausgebildet haben, so führt sie der Kaufmann dahin, wo sie mangeln; er bringt also ausländisches Geld ins Land, und setzt das inländische in einen wohlthätigen Creyslauf. Soll das aber alles zum höchsten Vortheil des Fürsten und des Volks geschehen, so muß sich die eigentliche Handlung auf inländische Producte und Fabricate gründen.

So entsteht dann allmählig die naturgemäße, und der Glückseeligkeit angemessene Staatsverfasfassung, wo immer ein Glied dem andern die Hand bietet, und Seegen und Fülle zum Mittelpunct, zum Thron des Fürsten, und von diesem wieder Stralen des Gedeyens in alle Creyße der Gewerbe ausfließen.

Je glücklicher eine Wirthschaft geführt wird, desto erhabener und gewaltiger rücken ihre Theilhaber dem Ziel ihrer Glückseeligkeit entgegen.

Es muß also in jeder Wirthschaft Regeln geben, durch deren Beobachtung jenes Ziel am leichtesten erreicht wird. Da aber auch der geschickteste und aufgeklärteste Gelehrte noch immer ein Mensch bleibt, der gar leicht irren kann, so müssen jene Regeln ganz aus der Natur und Erfahrung abgezogen werden. Diese und keine andre Grundsätze in ein ordentliches System gebracht, machen alsdann die Wissenschaft einer solchen Wirthschaft aus.

Wenn es allgemeine und wesentliche Pflicht eines jeden Menschen ist, seine eigene, und seines Nebenmenschen Glückseeligkeit nach dem ganzen Maaß seiner Leibes- und Seelenkräften zu befördern (ein Satz über dem wir uns alle, Christen und Nichtchristen einig sind) so erhellet, daß, der die grösten und mächtigsten Kräfte be-

 sitzt,

sitzt, nemlich der Regent, am mehresten würken könne. Dieses muß die Seele eines edlen und guten Fürsten bis zu den himmlischen Sphären erheben. — Denn wer kan Gott ähnlicher handeln als er? — wer kan mehr Segen über Tausende seiner Mitmenschen verbreiten, als der der Tausenden gebietet? — Wenn der fromme und getreue Knecht, der über weniges treu war, dereinst über vieles gesetzt werden soll, wie gros wird dann der Lohn dessen seyn, der schon hier über vieles getreu war? — Königreiche des Himmels werden ihm in jener Welt zu Gebot stehen, und es wird keiner Armeen bedürfen, um sie im Frieden zu behaupten.

Hier muß ich aber noch bemerken, daß der Fürst im Fall des Rechts und Unechts Schwerd und Strafe durch Handhabung der positiven Gesetze in seiner Macht habe, und ausüben müsse, wo es aber auf Beförderung des Wohlstands der Unterthanen ankommt, da sind Belohnungen Anlockungen und weise Anstalten die den Unterthan von selbst auf den rechten Weg leiten, am zweckgemässesten, Zudem sind ja auch die Mittel zur Glückseeligkeit nicht immer gewiß ausführbar—werden sie in dem Fall durch Gesetze empfolen, so verliert die gesetzgebende Gewalt

ih=

ihren Kredit, der ihr doch eben so heilig und unentbehrlich ist, als dem Kaufmann der Seinige.

Aus diesen bisher vorgetragenen Materialien läßt sich nun leicht einsehen, was eigentlich die Staatswirthschaft sey? — Sie ist nemlich der Inbegrif aller Handlungen, wodurch die drey Gewerbklassen des Staats, Landwirthschaft, Fabricken und Handlung, folglich alle Unterthanen, blühend und wohlhabend gemacht, dann aus eben diesen Quellen, auch die höchste Gewalt, Macht und Wohlstand des Fürsten, seiner Familie, das Glück seiner Dienerschaft, befördert, und also die ganze Staatsverfassung dem höchsten Ideal ihrer Vollkommenheit immer näher geführet wird.

Warlich! ein glänzendes Bild! — eine erhabene Beschäftigung! — aber auch ein so wichtiger Gegenstand, daß würklich jeder Diener eines Fürsten, der in diese Maschine würken will, zittean und beben, und sich um gründliche längst erprobte Känntnisse Tag und Nacht bewerben sollte! — Hier sind einzelne helle Genieblicke bey weitem nicht genug. — Nicht genug, wenn man mit unversuchten Projecten vor den Thron ritt, und mit diesen ungezähmten Pferden wie

wey=

weyland Phaedon den Sonnenwagen führen, und die Welt regieren will! — Kein Wunder, wenn der Vermessene dann von Jupiters Pfeilen niedergedonnert wird. Nein! vieljährige Vorbereitung, Studium der Natur und der Geschichte, gründliche Känntnis der vaterländischen Verfassung, und ein reifer — Gott — seinen Fürsten — und Menschen — liebender Geist gehört dazu, um das Ruder der Staatswirthschaft zu führen. Und dann noch muß er nie auf einmal mit Gewalt, sondern allmälich, langsam aber nachdrücklich, würken, immer klein anfangen, um gros zu endigen, damit er erst versuche was angeht oder nicht angeht, auf diese Weise wird er später aber auch desto gewisser die glänzende Krone am Ziel erringen.

So viel von dem Wesen der Staatswirthschaft, nun von ihrem Ursprung.

In vorigen Jahrhunderten waren unsre deutsche Fürsten Kriegshelden, sie schränkten ihre Regentenpflicht auf Erweiterung ihrer Staaten, und auf den Schuz derselben ein. An die Entwicklung ihrer inneren Kräfte durch eine vortrefliche Staatswirthschaft wurde nicht gedacht; die Gewerbe wurden dem gemeinen Mann ganz über-

lassen,

lassen, und Dummheit, Trägheit, Mährchen, Aberglauben und Schlendrian waren die Götzen, die ihn tyrannisirten, und ihm den Weg zum Glück auf immer verriegelten.

Gegen das Ende des fünfzehnten Jahrhunderts fanden die Portugiesen den Weg um Africa herum nach Ostindien, und die Spanier entdeckten America. Mit vollen Odemzügen schluckten sie die unermeßlichen Schätze neuer Welten ein, und verdarben sich dadurch alle Verdauungskräfte, wie einer der sich den Magen überladen hat. Noch immer sind Spanien und Portugall, arme Kanäle, blosse Fuhrleute für ihr vieles Gold und Silber.

Indessen so wie der Rausch vom Wein augenblickliche Kräfte giebt, so wurden auch jene Seemächte auf eine kurze Zeit furchtbar. Das durch langwierige Bürgerkriege ausgezehrte England fieng an zu zittern, es graute für der Macht seiner Nachbarn und seine weise Königin Elisabeth sann auf die geschwindesten Mittel die verlohrne Kräfte schleunig zu ersetzen; es gelang ihr — denn sie suchte durch Belohnungen und höchstweise Anstalten Landwirthschaft, Fabricken und Handlung empor zu bringen, und ward also die

erst

erste Stifterin einer vortreflichen Staatswirthschaft, und ein Engel des Seegens für die Nachwelt.

Um die nemliche Zeit schüttelten auch die Niederländer das Joch der spanischen Herrschaft ab, — auch sie suchten in entfernten Welttheilen was ihnen die Natur in ihrem Vaterland versagt hatte. Es gelung ihnen ebenfalls, und sie überschwemmten Europa mit sehr entbehrlichen Früchten vom Baum des Erkänntnisses des Guten und Bösen, so wie Spanien mit Gold und Silber. Auch Deutschland aß von der verbottenen Frucht, und fand nun daß es nackend war, tausend neue Bedürfnisse traten ein, Geld war da, aber es fehlte an Industrie, und an einer guten Staatswirthschaft.

Ein neuer Unglücksstern schob das Ziel des Seegens noch um ein Jahrhundert weiter zurück: denn im Osten stieg ein schrecklicher Würgengel auf, der sein stralendes Schlachtschwerd weit über Deutschland hinreckte, und dem dritten Theil der Menschen Tod und Verderben schwur. Das Haus Oesterreich durch den Zauberstab des Jesuitismus geleitet, schwang die Fahne der Hierarchie, und versteckte seine Politick hinter die furcht-

Aegide, des sogenannten wahren Glaubens, und düngte so dreysig Jahr lang den vaterländischen Boden mit dem rauchenden Blut seiner Bürger.

Gustav Adolph opferte sein Leben für die Religion und deutsche Freyheit, und seine Armee erkämpfte nach ihm, das Kleynod unserer Nation, den westphälischen Frieden. Jetzt war allenthalben Ruhe, aber kein Brod, und dazu wenig Hände, die es erwerben konten. Jetzt fiengen unsre Fürsten an, auf Mittel und Rath zu sinnen, wie der ausgezehrte Staatskörper aufs eheste wieder zu Kräften kommen könte? — Der langwierige Krieg selbsten war hier ein Mittel zur Aufklärung geworden: allerhand früher erleuchtete Nationen, Spanier und Franzosen, mit unter auch Italiäner, tummelten sich auf dem teutschen Boden unter einander herum, ihre Schriften und Känntnisse sprühten hin und wieder Funken, und zündeten bald hier bald da ein Licht an. Man las die Schriften jener Ausländer, und man fieng an seine Wunden, mit allen ihren Folgen, und die Mittel dagegen einzusehen. Hier begann also der erste Keim der Staatswirthschaft in Deutschland, etwa gegen die Mitte des vorigen Jahrhunderts.

Der

16

Der erste deutsche Fürst, der nach Regeln der Staatswirthschaft am bestimmtesten zu Werk gieng, war Ernst der Fromme, Herzog von Sachsen Gotha. Seine Regierung war ein Muster aller Muster, sein Hof eine Schule der Tugend und der Rechtschaffenheit, und sein Land eine Quelle des Segens, für alle seine glücklichen Bewohner.

Friedrich Wilhelm der Grose, Churfürst zu Brandenburg trat in seine Fusstapfen, und mit ihm unsre glorwürdigste Landgrafen, denen ich den Churfürsten Karl Ludwig Pfalzgrafen bey Rhein, noch zugesellen kan, denn diese drey Fürsten waren es, welche die durch das aufgehobene Edict von Nantes vertriebene französische Leydensgenossen aufnahmen, und ihnen Schuz und Heymath gewährten, mehrere Reichsstände folgten diesem Beyspiel und so wurden französische Industrie, Künste und Fabricken auch auf deutschen Boden verpflanzt. Friedrich Wilhelm war ausserdem wahrhaft gros, so wohl im Krieg als Frieden, und es ist gewis daß er dem grösten Fürsten, und dem grösten Manne unseres Jahrhunderts, seinem Urenkel den Weg zu seiner glänzenden Größe gebahnt habe.

Lud-

Ludwig der vierzehnte, König in Frankreich, war noch zu der Zeit und noch lange nachher ein drohendes Meteor, das aller Menschen Augen auf sich zog. Eine rastlose Begierde Universalmonarch zu werden, verbunden mit unersättlichem Genuß aller sinnlichen Vergnügen, geleitet durch alle Intriguen der Hierarchie und des Jesuitismus, machen zusammen den Grund seines Caracters, und zugleich auch den Schlüssel aus, womit man viele unbegreifliche Dinge in seiner seltsamen Politick aufschliessen, und begreiflich machen kan. Indessen seine Aussenseite, und sein Hof war glänzend, man hielt ihn für die Schule der Sitten, und des Wohlstands, und man reiste dahin um sich zu bilden. — O des armen unglücklichen Menschenbilders! — er hatte das schönste Land Europens von Unterthanen und Geld entblößt. Noch fühlt Frankreich die traurigsten Folgen seiner Regierung, und doch reiste Deutschlands hoher und niederer Adel nach Paris und Versailles, der Glanz des französischen Hofs lockte und reizte sehr — aber was brachte man nach Haus? — Soll ich das Verlockengetändel alle nennen? — Friseurs zu Hofmeistern, und Cammerjungfern zu Gouvernanten, unserer edlen deutschen Prinzen und Prinzessinnen, man vertauschte unsre Heldensprache mit dem Schellengeklinklingel unserer ausgearteten alten Franken, und der Schüler des üppigen französischen Hofs, der deutsche Jüngling, fieng nun an für dem Kraftharnisch seines Grosvaters schauernd zurück zu beben, denn — er war krank und entnervt.

Abermal ein neuer Zuwachs an tausend Bedürfnissen, und noch keine Quelle sie zu befriedigen.

Die Wege die man einschlug, um zu Geld zu kommen, waren eben diejenige, deren sich auch König Ludwig bediente, um sich aus der Noth zu helfen, und also bey weitem nicht die besten, dann eben durch sie war Frankreich seinem Staatsbankerot so nahe gekommen, und hätte es **Colbert** nicht noch gerettet, so wär seine Sonne vor ihrem Untergang verloschen. Man vermehrte nemlich die Auflagen, ohne ihre Quellen die Gewerbe zu verbessern. Anstatt daß man erst hätte die Gewerbe blühend machen sollen, um die Auflagen vermehren zu können.

Dazu kam noch die Schwärmerey ins americanische gelobte Land zu ziehen. England suchte dort seine Wüsteneyen zu bevölkern, und lockte einen grossen Theil guter deutscher Bürger über seinen Ocean hinüber. So schwächten der dreysigjährige Krieg, das Auswandern nach America und die Aftercameralisten unser gutes deutsches Reich bis aufs äusserste.

Pa-

Patriotische Männer, Fürsten und Gelehrten sahen Deutschlands kranken Staatscörper und erkannten die Ursache seiner Krankheit. Der unsterbliche Veit Ludwig von Seckendorf, Ernst des Frommen Herzogs von Sachsen-Gotha Minister, Rath, vertrauter Freund und Schüler, war der erste Gelehrte, der in seinem schönen Werke, **Fürstenstaat**, welches in den fünfziger Jahren, des vorigen Jahrhunderts heraus kam, und in einem andern der **Christenstaat** genannt, welches er in seinem Alter in den achziger Jahren ausarbeitete, die ersten vortreflichsten Lehren über eine vernünftige und richtige Regierung und Staatswirthschaft in Deutschland verbreitete.

Daß diese Schriften eines so grossen Staatsmannes wie Seckendorf war, bey Regenten und Räthen Eindruck machten, ist kein Wunder.

Indessen wär es doch vielleicht noch lange bey der blossen Speculation gelehrter Männer geblieben, wenn die gütige Vorsehung nicht noch weit würksamere Mittel und Wege eingeschlagen hätte.

Friedrich der erste, König in Preussen, fühlte sich in den Kräften seines Vaters stark genug, eine Königscrone zu tragen, es gelang ihm, er bekam sie. Hätte aber sein Sohn Friedrich Wilhelm der Erste, nicht durch eine vortrefliche

Staatswirthschaft ihre ungeheure Last unterstüzt, so wär sie bald wieder gesunken und zertrümmert. Dieser ernste gerade laconische Fürst, so ganz Spartaner im Krieg und Frieden, auf dem Thron und als Hausvater; man sage von ihm was man wolle, immer ein edler fester deutscher redlicher Mann, dieser ist der Stifter, der allererste Stifter des ökonomischen Lehrfachs. Mit ihm fäng also die Epoque des Wachsthums der Staatswirthschaft an. Er berief Anno 1727 den bekannten Ditmar zum Lehrer der Cameralwissenschaften nach Frankfurt an der Oder, und zwey Jahre darauf auch Gassern nach Halle. Auch Landgraf **Friedrich** der Erste König in Schweden setzte 1730 **Fürstenau** als Professor der Oeconomie nach Rinteln.

Dieser Vorgang machte natürlicher Weise Nachfolger: Zink und Schreber zu Leipzig, von Justi zu Göttingen und hernach zu Wien, alsdann Sonnenfels in Wien, und Beckmann in Göttingen, und andre mehr, sind die berühmtesten Lehrer, die dem Vaterland Männer mit gesunden staatswirthschaftlichen Grundsäzen, und abermal neue Lehrer gebildet haben. Zu gleicher Zeit entstanden auch gelehrte Gesellschaften, die ausserordentlich viel zum Fortgang unserer neuen Wissenschaft beygetragen haben. Ich brauch nur die

die berühmten Abhandlungen der Schwedischen Akademie der Wissenschaften, das unschätzbare Werk der königlich französchen Akademie, les oeuvres et les metiers, und unzählbar andre Schriften solcher Gesellschaften zu nennen, so kan ihnen kein Sachkündiger den besten Beyfall versagen.

Churfürst **Carl Theodor** von der Pfalz stiftete sogar eine eigne hohe Schule für die Staatswirthschaft, und eine eigne gelehrte Gesellschaft, sie durch Versuche und Erfahrungen zu unterstützen. Mein Antheil an diesem Institut macht mirs zur Pflicht nichts mehr davon zu sagen.

Herzog **Carl Eugen** von **Wirtenberg**, und Landgraf **Ludwig** von **Hessendarmstadt** machten in **Stuttgard** und **Giesen** etwas ähnliches, und Churfürst **Friedrich Carl** von **Mainz** vermehrte ebenfalls die Lehrstüle der Cameralwissenschaften. Durch wichtige Erfahrungen geleitet, könte ich wol vieles vom Gelingen und Nichtgelingen jener Institute sagen, allein Ehrfurcht und Menschenliebe haben mir gewisse Arten der Publicität verhaßt gemacht. Der Freund Gottes und der Menschen, deckt Schwächen zu und nicht auf.

Die Reformation gebahr nebenher allerhand Secten und Schwärmereyen, die Reformation der Staatswirthschaft nicht weniger:, Graf **Mira**-

22

beau der ältere suchte eine vollkommene Staatsverwaltung, und fand sie, Doctor Quesnel führte das System noch weiter aus, und nun stand das griechische Bild da in aller seiner Schönheit. — Es gefällt, das ist wahr! — aber Gott muß nun auch erst ein Menschengeschlecht schaffen, das es brauchen kan. Die Physiokratie mit einem sublunarischen Staat verbinden zu wollen, wär in jedem Fall eine Mesalliance von beyden Seiten.

Nun hab ich die Hauptpunete von den Eigenschaften, dem Anfang und Fortgang des staatswirthschaftlichen Studiums berührt, ich gehe also zum letzten Theil meiner Rede über, in welchem ich die beste Lehrart dieser Wissenschaft vorzutragen gedenke. Hier werde ich mir aber auch zugleich den Weg auszeichnen, auf den mich Vater **Wilhelm** berufen hat.

Die Staatswirthschaft hat den Zweck, den Staatsreichthum, und durch diesen das Glück des Fürsten und des Volks zu befördern. Dieses Glück verhält sich wie die Menge mit Ruhe und Wolstand sich beschäftigender Unterthanen. Dieses geschieht durch die Landwirthschaft, Fabricken und Handlung. Es ist also unwidersprechlich, daß derjenige der die Glückseeligkeit, Macht und Stärke des Regenten zum höchsten Gipfel der Vollkommenheit bringen will, zuerst die drey Gewerbe,

Land-

Landwirthschaft, Fabricken und Handlung eines Landes auf alle Weise emporbringen müsse, denn dadurch wächst die beschäftigte Bevölkerung, und mit ihr das Glück des Fürsten und des Staats von selbst. Soll nun der Staatsbediente diese drey Gewerbe emporbringen, so muß er sie ja warlich studiren, das ist: er muß alle drey Gewerbe verstehen.

Alle diese drey Gewerbe gründen sich auf Vorkänntnisse der Mathematik, Physik, Chymie und Naturgeschichte. Hier ist also der Ort, meine theuerste Amtsbrüder und Lehrer dieser Wissenschaften! wo ich ihrer Unterstützung bedarf: Sie richten also ihre Collegien und Lehrstunden auch auf staatswirthschaftliche Zwecke ein, so wie auch schon seit meinem Hierseyn, dem Anfang nach, geschehen ist.

Aber auch Sie meine studierende Freunde! so viel sich ihrer dem öconomischen Studium widmen, auch Sie müssen besonders Fleis anwenden, um sich zugleich in jenen Hülfswissenschaften festzusetzen, damit Sie wolbereitet meinen Hörsaal besuchen mögen. Auf diese Weise werden Sie ihre und ihrer entfernten Eltern heisse Wünsche aufs beste erfüllen.

O meine jungen Freunde! bedenken Sie doch das glänzende Ziel dem Sie entgegen streben! —

Wolthäter der Menschen zu werden, — welch ein Glück! Fürsten und Völker werden Sie seegnen, wenn sie den Armen Brod und Ueberfluß und Ihren guten Regenten Macht und Reichthum, ohne jemand zu drücken, verschaft haben.

Groser Gott! wie wohl muß einem alten, im Dienst des Vaterlandes grau gewordenen Staatsbedienten zu Muth seyn, wenn ihm jede Morgensonne seines Lebens wohlthätige, edle Vorsätze einflöste, und jede Abendsonne die wohlgelungene Ausführung derselben bestralte! — Hohe Ahndungen nie empfundener Seeligkeit müssen ihn am Rande des Grabes durchschauern, der Todeskampf und die kühle Erde werden ihm leicht seyn.

Aber auch der ungetreue Staatsdiener wird dagegen Höllenquaal empfinden, wenn er dem donnernden Richterstuhl des Herzen- und Nierenprüfers entgegen bebt, und der Todesengel über seinem Haupt das Richtschwerd schwingt. — Ich träume nicht! — ewige Wahrheit ists, ich schwöre es bey dem, der ewig lebt, es giebt Belohnung und Strafe in jener Welt. Doch ich kehre wieder zu meinem Zweck.

Es ist sehr nüzlich wenn der studirende gleich Anfangs den ganzen Plan seiner Studien weiß, um sich darnach richten zu können. Zu dem Ende werde ich, wie ich schon angefangen habe, jedes hal-

halbe Jahr wöchentlich zweymal, in einem sogenannten Collegio publico die Grundlehre oder Philosophie sämtlicher ökonomischer Wissenschaften vortragen. Wo dann jedermann wer nur Lust hat zu hören einen summarischen Begrif von der Staatswirthschaft bekommen kan.

Die Productionswissenschaften, als die Forstwirthschaft, die Landwirthschaft und der Bergbau, müssen nothwendig den Anfang machen, darauf folgen dann die Fabrickwissenschaft und die Handlung. Diese fünfe machen zusammen die Gewerbwissenschaften aus, ich habe ihnen die Sommercurse gewidmet, weil ich alsdann mit meinen Zuhörern Excursionen machen, und alles in der Natur selbst zeigen kan.

Wenn der zukünftige Staatsbediente die Gewerbe kennt, so muß er nun auch die Mittel wissen, wodurch man sie immer blühender machen, und vervollkommnen kan. Dieses lehrt ihn die Gewerbpolizey; mit dieser verbinde ich die bürgerliche Polizey, als welche sorgt, daß die Unterthanen, in Rücksicht auf das gesellschaftliche Zusammenwohnen, sich untereinander nicht hindern, sich vielmehr alle Bequemlichkeit verschaffen, und zur Beförderung aller Glückseeligkeit geschickt gemacht werden.

26

Blühende Gewerbe und ein blühender Staat, sind nun nebst den Regalien- und Domänengütern die Quellen woraus die Bedürfnisse des Fürsten und des Staats befriedigt werden müssen. Die Finanzwissenschaft lehrt also: wie man nach Bestimmung der jährlichen allgemeinen Aufwandssumme, die Cammergüter und Regalien aufs beste verwalten, das was von ihrem Ertrag an jener Aufwandssumme noch fehlt, nach dem gerechtesten Anschlag auf alle drey Gewerbstände vertheilen, und durch alle Filialcassen durch, bis zur Generalcasse erheben, und alles so regieren müsse, daß der Betrug vermieden, und wo er begangen, auf der Stelle entdeckt werden möge. Die Wissenschaft Rechnungen zu führen, zu moniren, und zu justifiziren, wird in einer besondern Stunde gelehrt.

Wenn aber nun diese allgemeine Aufwandssumme in die Casse geliefert worden, so muß sie nun auch zweckmäßig, das ist, so verwendet werden, wie es die sichersten Regeln der Glückseeligkeit des Regenten und seines Volks erfordern. Dieses lehrt dann endlich die eigentliche Staatswirthschaft, oder Staatshaushaltung. Hieher gehört die bequemste, wohlfeilste, und doch zweckgemäßeste Einrichtung des Hofs, des höchsten Collegii, Cabinets oder Ministerii, der hohen Collegien und

und Dienerschaft, der Landbeamten in Städten, Dörfern u. s. w. Dis alles muß so geordnet und eingerichtet werden, daß der vollkommenste Zweck mit dem geringsten Aufwand, doch ohne Schmälerung irgend einer Privatglückseeligkeit, völlig erreicht werde.

Aber wenn nun auch der Jüngling dies alles mit gröstem Fleis, und gründlich studiert hat, so ist er bey weitem noch nicht fähig ein staatswirthschaftliches Amt zu bekleiden; denn wenn er Fehler macht, so würkt das in den wesentlichen, jeden Augenblick unentbehrlichen Wolstand des Regenten und seines Volks, er darf also schlechterdings keine unsichere Projecte ausführen, alles muß bey ihm oft erprobte, und im strengsten Läuterungsfeuer bewährte Wahrheit seyn. Zudem bemerkt man auch seine Fehler also fort, denn er macht sie immer vor den Augen aller Welt, dadurch verliert er aber seinen Credit, und mit ihm seine ganze Kraft zu würken; bey den andern vier Facultäten ist das der Fall nicht, in jeder kan ehender ein schwacher Kopf durchschlupfen, als im Dienst der Staatswirthschaft.

Und doch drängt sich mancher schwacher Kopf auch hinauf in Cameral- und Finanzgeschäfte. — O wie nöthig wäre hier eine strenge Prüfung des Verstandes und Herzens; denn Wissenschaft ohne ne Treue ist fürchterlich, — hier wird der beste und weiseste Fürst betrogen, denn er ist ebenwohl Mensch und nicht Herzenskündiger. Es ist eine meiner wichtigsten Pflichten zu zeigen und zu lehren, wie man den Regenten gegen solche Satane im Lichtgewand schützen könne. Meine erlauchten und hochansehnlichen Zuhörer belieben also folgendes zu bemerken.

Die Sicherheit gegen trügliche Projecte erlangt man erstlich durch ein gründliches Studium, so wie ich im vorhergehenden gezeigt habe, und zweytens durch vernünftig angestellte Reisen. Der junge Gelehrte muß also zuerst das Land durch und durch bereisen, dem er dienen will, er muß seine Schwäche und Stärke, seine Vortheile und seine Nachtheile kennen lernen, gerad so wie der Arzt den Cörper den er curiren will. Alsdann muß er auch die europäische Staaten kennen, und dann dahin reisen, wo die Mittel ausgeführt werden, die seinem Land nützlich sind, dort auf der Stelle muß er nun Praxis studiren, und auch die Handgriffe lernen, die in sein Locale passen. Dann kommt er wieder — allein ist man nun auch seines guten rechtschaffenen Herzens, seiner unerschütterlichen Treue gewiß? — Keinesweges! der gröste Böswicht hat manchmal die gröste Einsichten. Wie gros war die Kunst, mit welcher Law seine

Actienmaschine in Frankreich aufrichtete? Wie schlau und zugleich wie schrecklich betrog der Jude Süß ehmals den Herzog von Wirtenberg? und noch kürzlich stürzte ein groser Reichsfürst einen erschrecklichen furchtbaren Cabalisten.

Welches ist hier das sicherste Mittel? Kein anders als daß man den jungen Mann von der Pique auf dienen lasse; indem er erst unter der Aufsicht eines Rechnungsbeamten Buch hält, Rechnung führt, nnd die Casse verwalten hilft, dann überträgt man ihm eine kleine Casse und Verwaltung, und läst ihn so allmälig nach dem Verhältnis seiner Treue und Geschicklichkeit zu immer wichtigern Aemtern hinaufrücken. Auf diese Weise erfährt man bald, ob jemand treu und rechtschaffen ist. Hier soll Rang und Stand nicht das Beförderungsmittel seyn, sondern der höhere Grad der Treue und der Käntnisse.

Aber auch der wirklich im Dienst stehende staatswirthschaftliche Beamte soll noch nicht aufhören seine Käntnisse zu erweitern; er soll nicht scheel dazu sehen, wenn andere neue Warheiten entdecken, sondern er soll sie prüfen, und wenn er sie bewährt gefunden hat, auch anwenden. Hier ist der Handwerksneid schrecklicher, als irgend an einem Ort, denn das gemeine Beste leidet darunter.

Doch

30

Doch ich möchte die Gedult meiner erhabenen und erlauchten Zuhörer ermüden; ich eile also zum Schluß meiner Rede.

Hier an dieser ehrwürdigen Stelle, verspreche ich heilig, öffentlich und feyerlich als Christ, als ehrlicher Mann, unerschütterliche Treue, und Gebrauch aller meiner Kräfte im Dienst unseres theuren Fürsten, unseres lieben Vaterlandes, dieser verehrungswürdigen Universität, und zur Aufklärung, Bildung und Belehrung unserer studirenden jungen Männer, bis an den lezten Hauch meines Lebens. Nun noch einige feurige seelenvolle Wünsche, ehe ich schliesse:

Es lebe **Wilhelm der neunte** des Vaterlands Vater! — Philipps des Grosmüthigen unseres Stifters grosmüthiger Sohn! Sein Name sey gesegnet bis ans Ende der Tage, Sein Cabinet sey Quelle des Glücks für seine gute Hessen, jeder Tag seines Lebens bis ins graueste Alter bringe Flor und Gedeyen für Ihn, sein hohes Haus, und für uns seine Kinder! Gott! ewiger Erbarmer! seegne Ihn unsern theuren Vater!

Es lebe **Wilhelms** theure Gemalin, unsre gute Landesmutter, sie seye Quelle des Glücks und des Seegens für ihn und sein Volk.

Es lebe unser Erbprinz und seine Geschwister! Ewige Weisheit, strale du Licht, Kraft und Verstand

stand aus den ätherischen Höhen in ihre zarte Herzen! — sie müssen grünen, blühen und Früchte tragen wie die Bäume des Lebens im Paradiese Gottes!

Es leben Wilhelms Brüder mit ihren Gemahlinnen, und das ganze Hochfürstliche Haus! und will jemand einen Meisterspruch des Seegens sagen, so müsse er heissen: Blühe wie Wilhelms des neunten Haus und Familie.

Gott mache alle Grosen, den gesammten Adel, Minister und Räthe dieses ganzen Landes zu lauter Männern des Seegens, und Stiftern der Glückseeligkeit für den Fürsten und das Volk. Gröseres Heil kan ich ihnen nicht wünschen.

Der grose Menschenvater schenke unserer Hohenschule immerfort Männer voller Kraft und Weisheit, Patrioten, Freunde Gottes und der Warheit, Menschenbilder, Nationenaufklärer, Väter für Teutschlands Jünglinge, und nie werde ein Lehrstul vacant, ohne von einem vollkommen geschickten Manne wieder besetzt zu werden.

Edle junge Männer! -- Zierde unserer Universität, Blüthe und Hofnung der Zukunft! -- Fleis, edle männliche Aufführung und Ringen zum glänzenden Ziel umgebe Sie wie eine Heerschaar Gottes, und begleite sie aus einem Hörsaal in den andern

32

dern -- jeder unter ihnen sey immer die Freude der Eltern, die Zierde des Vaterlandes, und die Stütze seines Fürsten.

Marburg müsse für Teutschland das werden, was Athen den Griechen war, und seine Zöglinge müssen Heil und Warheit durch die Welt verbreiten. Diese werthe Stadt sey gesegnet bis ans Ende der Tage, und jeden, den unsre Mauern umschliessen, umsäusele hoher Gottes-Friede.

Groser Lenker meiner Schicksale! der du mich bis auf diesen Lehrstul wunderlich und heilig geleitet hast. Mit brünstigem Verlangen ruf ich dich an, stärke meine Kräfte, erhalte meine Gesundheit, taufe mich an jedem Tage meines Lebens mit Feuer und Geist, damit ich alle Wünsche meines Fürsten und jedes edlen Patrioten in meinem Theil erfüllen, ja damit ich allen Erwartungen dieser hochansehnlichen Versammlung entsprechen möge. Meine Worte seyen Warheit Ja und Amen.

Veröffentlichungen von Johann Heinrich Jung-Stilling

Eine Auswahl der wichtigsten Schriften

Johann Heinrich Jung-Stilling veröffentlichte ca. 60 Bücher und schrieb über 50 Beiträge für Zeitschriften und Sammelwerke. Die wichtigsten Publikationen sollen hier genannt werden.

Wirtschaftswissenschaftliche Schriften:

- Versuch einer Grundlehre sämmtlicher Kameralwissenschaften.
  Lautern 1779.
- Versuch eines Lehrbuches der Forstwirthschaft.
  1. Theil Mannheim und Lautern 1781.
  2. Theil Mannheim und Lautern 1782.
- Versuch eines Lehrbuchs der Landwirthschaft der ganzen Welt, in so fern ihre Produkten in den Europäischen Handel kommen.
  Leipzig 1783.
- Versuch eines Lehrbuchs der Fabrikwissenschaft zum Gebrauch Akademischer Vorlesungen.
  Nürnberg 1785.
- Gemeinnütziges Lehrbuch der Handlungswissenschaft für alle Klassen von Kaufleuten und Handlungsstudirenden.
  Leipzig 1785.
- Lehrbuch der Vieharzneykunde.
  1. Theil Heidelberg 1785.
  2. Theil Heidelberg 1787.
- Anleitung zur Cameral-Rechnungs-Wissenschaft nach einer neuen Methode des doppelten Buchhaltens.
  Leipzig 1786.
- Lehrbuch der Staats-Polizey-Wissenschaft.
  Leipzig 1788.
- Lehrbuch der Finanz-Wissenschaft.
  Leipzig 1789.
- Lehrbuch der Cameral-Wissenschaft oder Cameral-Praxis.
  Marburg 1790.
- Grundlehre der Staatswirthschaft.
  Marburg 1792.
- Staatswirthschaftliche Ideen. Erstes Heft.
  Marburg 1798.
- Zahlreiche Aufsätze, erschienen in der Zeitschrift der physikalisch-ökonomischen Gesellschaft zu Kaiserslautern

„Bemerkungen der Kuhrpfälzischen physikalisch-ökonomischen Gesellschaft", seit 1785 „Vorlesungen der Churpfälzischen physikalisch-ökonomischen Gesellschaft".

Autobiographie:

- Henrich Stillings Jugend.
  Berlin und Leipzig 1777.
- Henrich Stillings Jünglings-Jahre.
  Berlin und Leipzig 1778.
- Henrich Stillings Wanderschaft.
  Berlin und Leipzig 1778.
- Henrich Stillings häusliches Leben.
  Berlin und Leipzig 1789.
- Heinrich Stillings Lehr-Jahre.
  Berlin und Leipzig 1804.
- Heinrich Stillings Alter.
  Heidelberg 1817.

Literarische Werke:

- Die Geschichte des Herrn von Morgenthau.
  Erster und zweyter Band. Berlin und Leipzig 1779.
- Die Geschichte Florentins v. Fahlendorn.
  Drei Teile. Mannheim 1781–1783.
- Theobald oder die Schwärmer.
  Zwei Teile. Leipzig 1784–1785.
- Johann Heinrich Jung über den Revolutions-Geist unserer Zeit zur Belehrung der bürgerlichen Stände.
  Marburg 1793.
- Das Heimweh von Heinrich Stilling.
  4 Bände. Marburg 1794–1796.
- Scenen aus dem Geisterreiche.
  Erster Band Frankfurt am Main 1795.
  Zweyter Band Frankfurt am Main 1801.
- Die Siegesgeschichte der christlichen Religion.
  Nürnberg 1799.
- Schatzkästlein.
  Nürnberg 1816.

Zeitschrift:

Der Graue Mann, eine Volksschrift.
Stück 1–30. Nürnberg 1795–1816.

Staatswirtschaftliches Institut an der Philippina

Professor Jungs Gutachten über das Staatswirtschaftliche Institut in Marburg. 1789.

Kgl. Staatsarchiv Marburg. IV 5 a. N. 1. S. 3 ffg.

M. D. P.

Ich lege Ew. Magnificenz mein Votum auf einen besondern Bogen bey, mit der gehorsamsten Bitte es dem Bericht an Serenissimum anzuschließen: denn da diese Sache äußerst wichtig ist und mich auch Vorzüglich angeht, so erachte es meiner Pflicht zu seyn, etwas ausführlich meine Meynung zu sagen, besonders da ich neun Jahre lang an einem besondern Staatswirthschaftlichen Institut gelehrt, und über die Folgen und Würkungen eines solchen abgesonderten Corporis mannigfaltige Erfahrungen gemacht habe. Es fragt sich also:

1. Ob eine Staatswirthschaftliche Facultät nöthig sey?

Die vier academischen Facultäten sind uralt, und von der ersten Entstehung der Universitäten an, hat man die Lehrer in diese Classen geordnet, und jeder den Namen Facultas gegeben; diese Facultas bestand Vorzüglich in dem Recht Doctores Creiren zu können. Da aber nun heut zu Tage die Doctor-Würde in den mehresten Staats Bedienungen nicht mehr nöthig ist, und man mehr auf Geschicklichkeit und Talente, als auf den Doctor Grad sieht, so ist auch keine Staatswirthschaftliche Facultät mehr nöthig; und wenn ja ein Staatswirthschaftlicher Gelehrter Doctor werden will, so kann ihm die Philosophische Facultät diese Würde geben; denn da es doch in diesem Fall eigentlich nur auf Ehre ankommt, indem viele würdige Männer die Erlaubnis zum lesen bekommen haben, ohne deswegen Promovierte Doctoren zu seyn, so wird es immer mehr bedeuten von einer Uralten Facultät den Grad zu bekommen, als von einer neuen.

Wenn also die Errichtung von einer neuen Facultät wegfällt, worinnen wie ich sehe, auch alle Mitglieder des Senats mit mir einstimmig sind, so ist dann doch die Frage 2. ob nicht eine andere Einrichtung zu treffen sey, durch welche der nämliche Zweck erreicht werden könne? — Denn daß die vereinigte Würkung verschiedener Männer zu einem Zweck vortrefflich sey, daran ist kein Zweifel; ich halte also folgende Anstalt für die allerschicklichste und bequeme.

Aus den Lehrern der Philosophischen Facultät werden etliche ausgewählt, die sich mit mir zu einer besonderen Gesellschaft aber ohne Trennung von der philosophischen Facultät, vereinigen; man nenne diese Gesellschaft die Staatswirtschaftliche Classe in der philosophischen Facultät. Die Lehrer die dazu gehören behalten ihren Sitz und Stimme, gehören mit in den Turnus des Decanats, u. s. w. für sich aber machen sie auch einen eigenen Cörper aus, sie wählen alle Jahre einen eigenen Vorsteher, sitzen nach der Anciennität ihres

Lehramts und das Vorsteher Amt kan, so wie das Decanat nach dem Rang herumgehen. Diese Staatswirthschaftliche Classe reguliert dann alle halbe Jahre ihre Collegia, und verfügt ferner mit aller Treue alles, was zur Aufnahme des Staatswirthschaftlichen Studiums nur immer gereichen kann.

Wenn Serenissimus diesen Vorschlag gnädigst zu genehmigen geruhen werden, so geben Höchstdieselben dieser Staatswirthschaftlichen Classe in der philosophischen Facultät ihren Bestand und Autorität durch ein besonderes Manifest, welches alsdann innerhalb und außerhalb des Landes, um den Zulauf der Studierenden zu befördern auf die erfindlichste Weise publicirt werden müßte.

Wenn auch Se. Hochfürstl. Durchl. die Lehrer einmal ernannt haben werden, so könnte dieses Corpus zusammentreffen, noch nähere Bestimmungen entwerfen und diese dann Höchstdenenselben zur gnädigsten ratification unterthänigst vorlegen.

Was aber die hier anzustellende Lehrer betrifft, so muß ich zu Vorderst, doch mit geziemender Bescheidenheit bemerken, daß ich während der Zeit, die ich als Lehrer hier gestanden habe, nicht nur alle die Theile der Staatswirthschaft, die sich in des Hchfl. Geheimen Rath von Springers Plan befinden systematisch, sondern noch sehr wesentliche in jenem Plan ausgelaßene Z. B. die Forst Wirthschaft, Handlungs Wissenschaft. Die Staats-Polizey, welche alles was Polizey nur heißen kan in sich einpfligt, und andere mehr, vorgetragen habe, und fernerhin vortragen werde. Wenn mir also noch einige Männer, welche die hierzu einschlagende Hülfswissenschaften lehren, zugeordnet werden, so ist die Staatswirthschaftliche Classe besetzt. Diese Männer aber *alle* zu bestimmen muß ich zwar aus wichtigen Ursachen unterlassen, doch wage ich folgenden Vorschlag:

1. Herr Hofrath Mönch ist wegen der Chymie nnd Naturgeschichte unentbehrlich.

2. Herr Rath Curtius wegen der Statistik und Geschichte.

3. Herr Hauptmann Schleicher wegen der praktischen Feldmeßkunde.

4. Zur Physik, Mechanik und überhaupt für angewandte Mathematik geruhen Ihro Hochfürstl. Durchlaucht einen von den Herren Prof. Steegmann oder Waldin zu bestimmen.

5. Der Lehrer des Natur Rechts, den Serenissimus ebenfalls zu ernennen geruhen, gehört auch hierher.

6. Dann muß auch der Lehrer der Vieh Arzneykunde, zu welcher Herr Prof. Busch die mehrste Geschicklichkeit hat, dazu gezogen werden.

7. Endlich machte ich dann das siebende Mitglied der Classe aus.

Werden Se. Hochfürstliche Durchlaucht diesen Vorschlag gnädigst genehmigen, und gedachten Lehrern die nähere Einrichtung doch vielleicht mit Zuziehung eines Deputirten von jeder Facultät auftragen, so lassen sich allenfalls noch verschiedene Anordnungen ausfindig machen, die das Ganze mehr bestimmen und fester Gründen. Bey diesen Vorläufigen Sessionen wünschte ich aber den Vortrag machen zu dürfen, weil mir die Sache natürlicher Weiße am bekanntesten ist, so bald aber das Institut einmal gegründet ist, so darf es schlechterdings keinen beständigen Direktor oder Vorsteher haben, sondern diese Stelle geht wie gewöhnlich im Turnus herum. Doch alles S. M.

Jung.

Landgräfliches Reskript über die Einrichtung eines Staatswirtschaftlichen Instituts an der Universität Marburg. 1789, September 12.

Kgl. Staatsarchiv Marburg. Acta das Staatswirtschaftliche Institut betreffend. Bd. 1. S. 46—49.

Von Gottes Gnaden Wir Wilhelm, Landgraf zu Hessen, Fürst zu Herßfeld, Graf zu Catzenelnbogen, Dietz, Ziegenhayn, Nidda, Schaumburg und Hanau p. thun Kund und fügen hiermit zu wissen:

Nach dem Wir zur Beförderung Staatswirthschaftlicher Kenntniße in- und außer dem Vaterlande, aus Höchst eigener Bewegung Uns gnädigst entschlossen, eine Besondere auf jenen Endzweck abzielende Anstalt auf Unserer Universität Marburg einrichten zu lassen, als verordnen Wir und setzen vest, daß

§ 1.

Absicht und darauf gebauete allgemeine Verfassung der Anstalt.

Die Absicht dieser Anstalt in der sorgfältigen und genauen Bearbeitung der Staatswirthschaftlichen Wissenschaften in und außer dem Vaterlande bestehen und unter dem Namen: Staatswirthschaftliches Institut (Institutum oeconomico Politicum) errichtet, auch der Universität dergestalt einverleibet werde, daß es ohne in den Verhältnißen, in welchen ein jedes Mitglied des Instituts respective gegen die Universität, und gegen seine Facultät insonderheit stehet, auch nur die geringste Abänderung zu bewürken, gleich denen vier sogenannten Facultäten zugleich ein für sich bestehendes Collegium ausmache, und zu dem Ende mit einem Siegel, worauf der Hessische Löwe nebst einem Cornu copiae befindlich und mit der Unterschrift:

Staatswirtschaftliches Institut zu Marburg 1789.

gnädigst versehen, weniger als ein solches auch für sich bestehendes Collegium denen übrigen Landes Collegiis bekannt gemacht werde.

§ 2.

Und daraus entstehende allegemeine Verbindlichkeiten der Mitglieder des Instituts.

Dieser allgemeinen Absicht gemäß die Mitglieder des Instituts dahin sich zu bestreben schuldig sind, daß die zu der Staatswirthschaft unmittelbar oder mittelbar dienenden Vorlesungen auf der hiesigen Universität fleißig gehalten, und die in der gedachten Wissenschaft gemachten Entdeckungen, nach vorher collegialisch geschehener Prüfung derselben dem Publico durch den Druck bekannt gemacht werde.

§ 3.

Deren Erfüllung durch das gnädigst zu verordnende Examen der beym Camerali demnächst anzustellenden Personen ungemein befördert werden würde.

Zu desto sicherer Beförderung jener allgemeinen Absicht des Instituts und Erleichterung derer den Mitgliedern desselben obliegendon Verbindlichkeiten vorzüglich dienen soll, wenn hinführo die beym Hessischen Camerali anzustellenden Personen (diejenigen etwa ausgenommen, welche vom Militair dazu gelangen) ohne Unterschied, ob sie vom Adel oder Bürgerlichen Standes, bey diesem Institut vorher, jedoch privatim geprüfet und mit Zeugnissen versehen werden.

§ 4.

Besondere Verfassung des Instituts und zwar a) in Ansehung der Ernennung seiner Mitglieder.

Die Ernennung derer bey diesem Collegio anzustellenden Mitglieder von Uns, auch ob Wir dieselbe unmittelbar verrichten, oder zuvor von dem Collegio, welches seine Bedürfnisse vorzüglich Kennen wird, einen unterthänigst gutachtlichen Bericht fordern wollen, lediglich abhange, jedoch aber auch dem Institute selbst überlassen bleibt zu desto größerem Flor desselben, auch zu leichterer Erwerbung, und schnellerer Beförderung gemeinnütziger Kenntnisse, inländische und auswärtige Ehren- und außerordentliche Mitglieder zu ernennen.

§ 5.

b) in Ansehung der Direction, welche abwechselt.

Das Collegium selbsten ist von einem Vorsteher dirigirt, welcher nach der Ordnung der drey Facultäten aus denen folgenden Mitgliedern

1. Revisions Gerichts Rath Professor juris Dr. Robert
2. Hofrath Professor medicinae Dr. Moench
3. Professor Medicinae Dr. Busch
4. Professor Philosophiae Dr. Stegmann
5. Rath und Professor Curtius
6. Professor Philosoph. Dr. Jung
7. Professor Philos. Hauptmann Schleicher

gnädigst ernannt worden, und wenn, wie es in der Medicinischen und Philosophischen gemeiniglich der Fall sein wird, mehrere aus einer Facultät ernannt sind, nach der Ordnung in welcher ein jedes in der seinigen Sitz und Stimme hat, dieses Amt zu verwalten hat, mithin damit jährlich dergestalt abgewechselt werden soll, daß der abgehende Vorsteher am 2. Jenner Vormittags XI Uhr auf dem sogenannten kleinen Consistorio, als dem zu den Zusammenkünften des Collegii bestimmten Orte, in Gegenwart der übrigen Mitglieder, das Siegel, das Protocoll, nebst den Acten, nach einem davon vorher sorgfältig zu verfertigenden Verzeichnisse an den neuen Vorsteher abliefern.

§ 6.

c) Geschäfte des Vorstehers.

Der Vorsteher alle bey dem Institut einlaufende Schreiben und Acten erbrechen und wenn Berichte und Gutachten zu erstatten oder Anfragen zu beantworten, die eingelaufenen Schriften fordersamst und ohne Zeitverlust demjenigen Mitgliede, in dessen besonderes Fach die Sache einschlägt, zutheilen, hierauf dieser, nach fleißiger Durchlesung und Prüfung mit einer zweckmäßigen Relation sich gefaßt mache, wie es geschehen den Vorsteher alsbald benachrichtigen, dieser aber ohne Aufschub (jedoch ohne Nachtheil derer zu den Academischen Vorlesungen, und übrigen Universitäts- und Facultäts-Geschäften bestimmenden Stunden) eine Zusammenkunft veranlassen in welcher, nach vorhergegangenem Vortrage des Referentens, ein denen Majoribus gemäßes Conclusum zu fassen ist. Gleichwie dann auch der Vorsteher in anderen zur Absicht des Instituts beförderlichen Gelegenheiten unter der vorhin angeführten Einschränkung Zusammenkünfte zu veranstalten hat.

§ 7.

d) Wie es beym Votiren zu halten,

Im Votiren muß es bey derjenigen Ordnung, welche im Academischen Senate hergebracht ist, und vermöge welcher die Stimmen von oben herunter ertheilet werden, belassen werden, und im Fall einer Gleichheit, hat der Vorsteher eine entscheidende Stimme.

§ 8.

c) und mit der Ausfertigung.

Die von dem Institute an Uns unterthänigst abgehende Berichte sind von sämtlichen Mitgliedern zu unterschreiben, die Gutachten aber, welche für das Vater- oder Ausland auszustellen mit der Unterschrift: Staatswirthschaftliches Institut, und mit Beyfügung des Vor- und Zunamens des jedesmaligen Vorstehers auszufertigen.

§ 9.

f) desgleichen mit dem honorario.

So wie es sich von selbst versteht, daß alle von Uns und Unsern nachgesetzten Landes Collegiis unmittelbar, und ohne daß die eine oder andere Parthey etwa darum nachgesucht, erforderte respective Berichte und Gutachten ex officio und gratis erstattet werden: also in allen anderen Fällen der oder die Anfragenden ein zunächst vom Referenten zu bestimmendes, und von den übrigen Mitgliedern der Billigkeit gemäs befundenes honorarium zu entrichten schuldig, welches dergestalt, daß der Referent davon die Hälfte, die andere aber die übrigen Mitglieder erhalten, zu vertheilen.

§ 10.

g) insbesondere bey Examinibus.

Fürnämlich die examinandi so wie es in der juristischen Facultat gewöhnlich zwey und dreyßig Thaler schuldig, wovon Ein und zwanzig Thaler unter die Mitglieder und zween Thaler unter die Pedellen zu vertheilen, der Rest aber, welcher in der Juristischen Facultät theils in die Bibliothek, theils in die Wittwen-Casse fließt, hier blos zum Behufe der ersteren und zwar also verwendet werde, daß davon nur allein in die Staatswirthschaft einschlagende, übrigens aber mit der Universitäts-Bibliothek, nach geschehener Verordnung des Collegial-Siegels, einzuverleibenden Bücher angeschafft werden.

§ 11.

Verhältnis der Universität gegen das Institut

Die Universität anzuweisen in allen diesem Stiftungs-Briefe gemäsen Fällen zur Beförderung des Instituts, wie überhaupt, also insbesondere auf Verlangen behülflich zu seyn.

§ 12.

und des Instituts gegen die Universität.

Gleichwie die einzelnen Mitglieder des Instituts, wie bereits oben §. bemerkt worden, in Ansehung ihrer Verhältnisse gegen das ganze Corpus academicum, oder einzelne Facultäten, keine Veränderung leiden: also bleiben sie auf dem foro academico nach wie vor unterworfen, jedoch ohne daß die Universität sich in die specielle Einrichtung und Beschäftigung des Instituts zu mischen hat, hingegen gehalten ist, das Institut am Ende der

Lectionum der Ordinariorum, und zwar im lateinischen Catalogo, unter der Überschrift: Institutum Oeconomico-Politicum, im Deutschen aber unter dem Namen: Staatswirthschaftliches Institut, dergestalt einrücken zu lassen, daß der Vorsteher und die Mitglieder namentlich, die Vorlesungen aber remissive angeführt werden.

§ 13.

Gebrauch der Pedellen. Derjenige unter den Pedellen, an welchem die sogenannte Facultäts Woche stehet, hat die bey dem Institut vorfallende Geschäfte und Expeditionen gleichfalls zu besorgen.

Urkundlich Unserer eigenhändigen Unterschrift, und beygedruckten Fürstlichen Secret-Insiegels. So geschehen Weissenstein den 12ten Sept. 1789.

Wilhelm L. (LS)

Zeitungsinserat über das Staatswirtschaftliche Institut in Marburg. 1789 im November.

Königl. Staatsarchiv Marburg. Acta betr. das staatswirtschaftliche Institut. Bd. 1, S. 56 ff. Mit ganz geringen redaktionellen Veränderungen als Auszug aus einem Briefe von Marburg vom 30. November 1789 abgedruckt im Journal von und für Deutschland, Jahrg. 1790, 1. Stück, S. 54—55.

Marburg, den ? 9bo 1789.

Se. Hochfürstliche Durchlaucht der regierende Herr Landgraf Von Hessen-Caßel fahren unermüdet fort die Aufnahme unsrer Universität auf alle Weise zu begünstigen; Höchstdieselben erkannten gleich Anfangs bey Ihrem Regierungsantritt, daß ein Lehrstuhl der Staats-Wirthschaft nach dem Beyspiel der Vornehmsten teutschen Universitäten in *Marburg* nöthig sey: zu dem Ende beriefen Sie den berühmten seeligen Leske von Leipzig hieher, der aber acht Tage nach seiner Ankunft starb, wodurch also diese Lehrstelle wieder erledigt wurde.

Im Winter 1787 wurde dem churpfälzischen Hofrath und Professor *Jung* in *Heydelberg* diese Stelle angetragen, welcher sie auch annahm und auf Ostern desselben Jahres hieher zog. Ob nun gleich dieser Lehrer alle Wissenschaften die unmittelbar zur Staatswissenschaft gehören, nämlich im Sommer: Forstwirthschaft, Landwirthschaft, Fabrikswissenschaft und Handlung, und im Winter Bergbau und Finanz-Wissenschaft, die praktische Cameral-Wissenschaft, oder an deren Stelle die angewandte Staatswirthschaft, und die allgemeine Polizey ausführlich vorträgt, so fehlte doch noch immer der nöthige Zusammenhang der Hülfs-Wissenschaften mit jenem Zweck, die einzige Einrichtung, wodurch sich die ehemalige Cameral-Hohe-Schule in *Lautern* und hernach das nämliche Institut in *Heydelberg* so berühmt gemacht hat.

Ihro Hochfürstliche Durchlaucht bemerkten diesen Mangel, und forderten Bericht, wie ein neues und zweckmäßiges Institut dieser Art am füglichsten einzurichten sey? Dieser Bericht wurde entworfen und unterthänig eingeschickt, worauf dann im verwichenen Herbst das *Staatswirthschaftliche Institut zu Marburg* durch eine feierliche Landesherrliche Urkunde gegründet, bestätigt, und in demselben die Grund-Verfassungsgesetze des Instituts gegeben wurden.

Wir theilen aus demselben dem Publikum das Wesentlichste zur Nachricht mit.

Die Lehrer des Staatswissenschaftlichen Instituts sind nach der Ordnung der Fakultäten folgende:

Herr Revisions-Rath und Professor Robert als Lehrer des Natur-Rechts.
„ Hofrath und Professor Mönch als Lehrer der Naturgeschichte und der Chymie.
„ Professor Busch als Lehrer der Vieharzneykunde.
„ Professor Stegmann als Lehrer der Physik.
„ Geheimer Justiz-Rath und Professor Curtius als Lehrer der Geschichte und Statistik.
„ Hofrath und Professor Jung als Lehrer der gesamten Staats-Wirthschaft.
„ Hauptmann und Professor Schleicher als Lehrer der praktischen Geometrie.

Diese sieben Männer bleiben in ihren gehörigen Facultäten, sie machen keine eigene Cameral-Facultät aus, sondern sie bilden ein Lehr-Institut, das auch zugleich eine gelehrte Gesellschaft ist. Zu unbestimmten Zeiten Vorlesungen und Abhandlungen ausarbeitet, solche ebenfalls zu unbestimmten Zeiten herausgeben, und auch außerordentliche, und Ehren-Mitglieder annehmen wird.

Dieses Institut hat keinen beständigen Director, sondern das Vorsteheramt geht wie bey den Facultäten das Dekanat nach der Ordnung Jahrweiße herum.

Das ganze Studium der Staats- und Cameral-Wissenschaften wird nun durch dieses Collegium geleitet und die Lehrer des Instituts richten alle Zusammen ihre Vorlesungen so ein, daß der Zweck derer, welche die oeconomischen und Cameral-Wissenschaften in ihrem ganzen Umfang studieren wollen, bey gehörigem Fleiß nunmehr Vollkommen erreicht werden kann. Responsa und Gutachten in Staatswirthschaftlichen und Cameralsachen werden von diesem Institut auf Verlangen ausgefertigt werden.

Die sämtlichen Lehrer desselben haben sichs zur heiligen Pflicht gemacht in ihrem Fach den Wünschen des Publikums zu entsprechen, nie werden sie durch die Posaune der Charlatanerie Zuhörer in ihre Hörsäle anzuwerben suchen, sondern Thatsachen, gründlich-gelehrte Männer die sie in Zukunft bilden werden, sollen die Mittel seyn, wodurch sie allmälig die Anzahl der Studierenden, und so auch so viel an ihnen ist das Glück unsrer Universität zu vermehren gedenken; dann aber sollen auch wenige aber kernhafte Schriften von den Könntnißen und dem gelehrten Carakter der Mitglieder dem Publikum Rechenschaft geben.

Meine Geschichte als Lehrer der Staatswirthschaftlichen Wissenschaften, statt einer Vorrede.

Ich hab schon seit langer Zeit sehnlich gewünscht, meinen geliebten Teutschen Lesern endlich einmal Rechenschaft von meinem Würkungskreis als Gelehrter thun zu dürfen, wenn man mir anders diesen Ehrentitel zugestehen will; ich wenigstens bekenne mit voller Ueberzeugung, daß zu einem wahren Gelehrten immer noch weit mehr gehöre, als ich mir bewust bin: Doch mit Bescheidenheit pralen ist grösere Eitelkeit als stolz seyn, ich wende mich lieber zu meinem Zweck.

Meine Verfassung in Lautern und hernach in Heydelberg war nicht von der Art, daß ich aus freyer Brust reden konte; es gab Verhältnisse, die mirs zur Pflicht machten zu schweigen, ich konte daher meinen Wunsch nie befriedigen, nie dem Publicum sagen, wie es mich als Schriftsteller und Lehrer zu beurtheilen habe, welches ich doch in meiner Lage für höchst nöthig halte, denn ich bemerkte gar oft, daß man nicht im wahren Gesichtspunct stand, wenn man einen Blick auf meinen Würkungskreis warf, und doch glaube ich überzeugt zu seyn, daß man den Mann durchaus kennen müsse, dessen mündliche oder schriftliche Lehren Eingang finden, und das gehörige Zutrauen haben sollen.

VI

So bald ich daher im verwichenen Frühjahr, nämlich im Jahr 1787 auf Ostern hieher nach Marburg kam, und mein neues Lehramt antrat, so beschloß ich die erste Gelegenheit zu benuzzen, um den Lesern meiner sämtlichen Staatswirthschaftlichen Schriften mich ganz so zu zeigen, wie ich bin, und ihnen offenherzig zu gestehen, woher es komme, daß ich innerhalb neun Jahren, nun schon acht Lehrbücher geschrieben habe, mit denen ich unter allen vielleicht am wenigsten zufrieden bin; denn keine Forderung ist doch billiger als die: daß niemand etwas drucken lassen soll, bis das Ganze, dessen Plan er sich entworfen hat, vollkommen reif ist. Diese Gelegenheit fand sich bey der Herausgabe dieses Werks, und ich eile nun mit Freuden meinen so lang genährten Wunsch zu erfüllen.

Den Lesern von Stillings = oder welches eins ist, meiner Lebensgeschichte, ist mein Herkommen bekannt; meine Großeltern und Eltern waren sehr geringe und arme Bauersleute, aber zugleich Menschen von dem vortreflichsten und edelsten Caracter, so wie es überhaupt wenige giebt, sie verlebten ihre Tage still und unbemerkt, und begnügten sich mit dem inneren und seeligen Bewustseyn der bessern Zukunft.

— Hilares et nos occurrere morti
Novimus, et nostros ultro finire labores.

Mein Großvater verheurathete meinen Vater bey sich ins Haus; dieser hatte wegen seiner gebrechlichen Füße das Schneider = Handwerk gelernt, zugleich

gleich hin und wieder auf den Dörfern schulgehalten, und war überhaupt als ein vortreflicher Kinderlehrer bekannt. Das Dörfgen, in welchem meine Voreltern und Eltern gewohnt haben, heist **Im Grund**, und liegt in einem waldigten Gebürge des Fürstenthums **Nassau-Siegen**, im Amt **Hilgenbach**, hier wurde ich den 12ten September 1740 gebohren; anderthalb Jahre nach meiner Geburt starb meine Mutter, welches meinen Vater dergestalt darnieder schlug, daß er sich in die Einsamkeit zurückzog, sich mit seinem Handwerk nährte, und ganz allein in der Ausübung der Religion Linderung seiner Schmerzen, und Ersaz seines Verlustes suchte. Ich war sein einziges Kind, alle seine Liebe strömte auf mich in vollem Maaß, und wär er ein Mann von gewöhnlichem Schlag gewesen, so würde ich verzärtelt, und bey meinem höchst lebhaften und empfindsamen Temperament ein elender Taugenichts geworden seyn, allein die Vorsehung, die Ihre heilige Absichten mit mir hatte, leitete meinen Vater so, daß er seine Liebe zu mir in der besten Erziehung äusserte, die ihm in seinen Umständen möglich war: er hatte den grosen und wichtigen Grundsaz, **der Mensch müsse von der Wiegen an immer Willenlos gehalten werden, um sich hernach in alle Schicksale seines Lebens finden zu können**, und er übte diesen Grundsaz ununterbrochen aus; alles was ich nur mit einiger Leidenschaft verlangte, das erhielt ich nie, und zugleich wurde in jeder Befriedigung meiner Bedürfnisse eine Reinlichkeit und Ordnung beobachtet, die fast ohne Beyspiel war. Dadurch bekam mein Geist eine Richtung, und mein ganzes Ich eine Geschmeidigkeit, die mich in meinem ganzen Leben, durch eine ganze Kette der schweresten Leiden immer aufrecht, und im festen Vertrauen auf Gott erhalten haben.

Da die Handthierung meines Vaters von der Art war, daß er immer auf seiner Stuben sizzen muste, so konte er auch meine Erziehung vollkommen abwarten; er hielt mich von allen Kindern entfernt, und niemand sah mich ausser dem Hause, doch durfte ich täglich in den Hof spazieren gehen, so bald sich mir aber irgend ein Knabe näherte, so pfiff er, und ich eilte wieder in meine Einsamkeit.

So wie ich Morgens aufgestanden war, kniete mein Vater mit mir nieder, und betete mit Inbrunst, besonders für mich; mit heiligem Schauer denk ich noch oft dran, wie er gleichsam seinen Gott beschwor einen rechtschaffenen Mann aus mir zu machen; dann bestand mein ganzes Geschäfte den Tag über, im Lesen, Schreiben, Rechnen, und Erlernung der Religions-Wahrheiten; da nun mein Kopf und mein Herz weder mit Kinderspielen, noch mit sonst etwas in der Welt angefüllet waren, so machte alles was ich lernte tiefen Eindruck auf mich, und hier liegt der Grund, warum Gelehrsamkeit und Wissenschaften von je her meine Lieblings-Neigungen gewesen sind. Den Abend vor Schlafengehen betete mein Vater abermal auf die nämliche Weise wie des Morgens, und so verlebte ich meine ersten zehen Jahre in dem Hause meines Großvaters.

Die

IX

Die Begriffe, welche mir mein guter Vater von der Religion beybrachte, waren nichts weniger als pedantisch, und bloß dieses war mein groses Glück; hätte ich ganze Stunden lang trockene dogmatische Schriften lesen, oder gar auswendig lernen müssen, so wär ich gewis ein Feind aller wahren Gottesverehrung geworden, allein davor blieb ich bewahrt; ich wurde beständig durch Ermahnungen und Beyspiele zur höchsten Moral angewiesen, und mein Vater schleppte mir von allen Seiten her Lebensbeschreibungen vortreflicher Menschen, und wahrer Christen zusammen: dadurch wurde der Trieb ihnen gleich zu werden so tief in meine Seele eingegeistet, daß er würklich die einzige Ursache von allem ist, was ich nunmehro durch die gütige Leitung der hohen Vorsehung geworden bin.

Indessen muste ich doch den Heydelbergischen Catechismus mit allen seinen Glossen auswendig lernen, wenn ich dereinst zum Abendmahl sollte confirmirt werden, mein Vater stellte mir die Nothwendigkeit vor, er sagte mir: Du brauchst das nicht als Christ, sondern als Glied der reformirten Kirchen, lerne du nur täglich etwas auswendig, so kanst du zu seiner Zeit alles, was du können must; ich befolgte dies, und bestand endlich in der öffentlichen Prüfung so, daß jedermann darüber erstaunte.

Doch ich eile weiter, damit ich hier nicht am unrechten Ort zu weitläuftig werde; ich will also alles kurz zusammen fassen: um mich nicht zu ermüden, wechselte mein Vater mit meiner Lektür ab, ich durfte auch mit unter Romanen und Geschichten lesen, und da ich nichts anders that, so war ich in meinem siebenden Jahr schon so weit in der Erkänntniß fortgerückt, daß mich jedermann für ein halbes Wunder hielt. Bey allem dem wurde ich ausserordentlich streng in der Zucht gehalten, die Ruthe war so zu sagen mein täglich Brod, und jede auch die kleinste Vergehung wurde damit bestraft; man tadelte dies an der sonst so vortreflichen Erziehungsmethode meines Vaters; er hatte auch würklich die Absicht nicht, die die Vorsehung dabey beäugte, denn bey ihm war es Uebung in der Abtödung des Fleisches und aller sinnlichen Lüste, er würde mit jedem Kind so verfahren, und also gefehlt haben; in dem göttlichen Plan aber war diese Führung erhaben, und höchst nothwendig, die Vorsehung sezte diese strenge Erziehung durch viele unbeschreibliche Trübsalen ununterbrochen fort, und es ist noch nicht lange, daß diese Strenge etwas nachgelassen hat, ich fühle auch sehr wohl, was mein natürlicher Leichtsinn, und meine Lebhaftigkeit aus mir gemacht haben würden, wenn ich nicht von der Wiegen an so streng geführt worden wäre.

Nun war meine ganze Seele zur Gelehrsamkeit, und zu den Wissenschaften gestimmt, ich wünschte nichts anders als ein Gelehrter zu werden, und zu studiren, allein wie sollte ich diese Sehnsucht befriedigen? Das ganze Vermögen meines Vaters betrug keine fünf hundert Gulden, ans Studiren war also nicht zu denken; es wurden freylich allerhand Plane gemacht, allein jeder war unausführbar, und mein Vater begnügte sich also damit, mich noch

einige

einige Zeit in die lateinische Schule zu schicken, wozu Gelegenheit in der Nähe war, und mich dann dem Schulhalten zu widmen, weiter konnte seine Absicht nicht gehen; da aber die Schulbedienungen von der Art sind, daß sie ihren Mann nicht nähren können, so blieb weiter nichts übrig, als daß er mich auch noch sein Handwerk lehrte; dieses war mir nun zwar äusserst zuwider, allein es muste seyn, wenn ich mich anders ehrlich durchbringen wollte. Indessen gerieth ich in die Mathematik, denn mein Vater war auch zugleich Landmesser, er hatte also einige geometrische Bücher, ich lehnte noch einige dazu, studirte für mich allein, und machte erstaunliche Fortschritte.

Indessen lebte ich unter lauter Kohlbrennern, Bauern, Bergleuten, Eisenschmelzern, und Hammerschmieden, und da ich von der Wiegen an mit hellem Blick alles anzusehen gewohnt war, und nun so gar auch Känntnisse von der reinen und angewandten Mathematik, und besonders von der Mechanik hatte, so wurden mir die Produktions-Wissenschaften; nämlich die Forst- und Landwirthschaft, der Bergbau, und die Metallurgie ganz geläufig; man bemerke hier meine planmäsige Führung: eben diese Wissenschaften waren es, die ich erst dreysig Jahre hernach auf hohen Schulen lehren sollte, wer hieß mich das alles so genau beobachten, so genau studiren? Weder ich noch jemand in der Welt dachte damals dran, daß mir diese Känntnisse jemals würden nüzzen können, indessen war mein innerer Trieb unbeschreiblich, und ich folgte ihm.

Im

XII

Im funfzehnten Jahr meines Alters wurde ich erst Schulmeister auf einem Dorf an der Wittgensteinischen Gränze; ich wohnte in dem Haus eines Försters, wo ich noch mehrere Forstkänntnisse sammelte; ich bekam also praktische Begriffe, die man unmöglich aus Büchern oder auf hohen Schulen von bloßen Gelehrten erhalten kan. Von diesem Ort rückte ich sieben Jahre lang als Schulmeister, in meinem Vaterland, von einem Dorf zum andern fort; allenthalben waren Eisenschmelzen, Bergwerke, Eisenhämmer, und Landwirthschaft im höchsten Flor, ohne irgend eine Absicht, wurden mir alle diese Geschäfte gründlich bekannt; ich benuzte nebenher jede müsige Stunde, und übte mich in der Mathematik, Geographie, Geschichte, mit einem Wort in allen Wissenschaften, wovon mir nur Bücher unter die Hände fielen. Nun ist aber dort der Gebrauch eingeführt, daß die Bauern ihren Schulmeister jedes Jahr wählen, oder, wie sie zu sagen pflegen, miethen, geschieht das nicht, so muß er abziehen, und es wird ein neuer gedungen; diese Leichtigkeit abgesezt zu werden, hat zwar den Nuzzen, daß die Schulmeister fleisiger und wachsamer sind, als anderswo, allein sie sind auch der Cabale mehr ausgesezt, dies leztere traf mich auf eine ganz ungewöhnliche Art: ich war in den sieben Jahren an sechs verschiedenen Orten, an jedem hatte ich warme enthusiastische Freunde, aber auch die bittersten Feinde; vielleicht war meine ganz isolirte Erziehung Schuld daran, ich war zu offenherzig, zu sonderbar, zu auffallend, und daher kam es, daß meine Feinde gar leicht eine Blöße fanden,

wo

wo sie mich tief verwunden konten; ich wurde also fast von jedem Dorf mit dem bittersten Haß verstoßen, und zugleich mit der wärmsten Zärtlichkeit beweint. Ich muste dann allemal wieder zu meinem Vater und seinem Handwerk meine Zuflucht nehmen, dieser hatte aber wieder geheurathet, er besaß ein Bauerngut, welches er neben seiner Profession bearbeitete; hier gieng nun mein Elend an: denn nun muste ich alle Bauernarbeit verrichten, wozu kein Glied an meinem Leibe Geschick hatte, weil ich von Jugend auf nicht daran gewöhnt war, ich weinte ins Geheim für Müdigkeit, und es bemeisterte sich meiner allmälig eine Schwermuth, die mir das Leben fast unerträglich machte; ich sehnte mich dann wieder nach einem Schuldienst, und kaum hatte ich ihn, so entstunden wieder Cabalen, die mich endlich vor das Consistorium brachten, wo ich bey aller meiner Unschuld aufs schändlichste mishandelt wurde. Jezt war es um mein Schulhalten geschehen, bey meinem Vater konte ich auch nicht aushalten, und so arbeitete ich hin und wieder bey andern Meistern auf dem Handwerk; mein Vater beklagte mich zwar, allein er so wohl als meine übrige Verwandten hielten doch dafür, es würde wohl nichts aus mir werden, und man gab mich verlohren. Die wehmüthigen Empfindungen, die ich dabey hatte, vereinigt mit dem innern erstaunlichen Drang und Hunger nach Wissenschaft, spannten mich unaufhörlich auf die Folter, so daß ich endlich im Jahr 1762 meinen Stab in die Hand nahm, und als Handwerksbursch aus meinem Vaterland ins Herzogthum Berg wanderte.

In

XIV

In Solingen fand ich Arbeit, Bewunderer und Freunde, und eben dieses war mein Unglück, jeder sagte mir laut, ich verdiente ein ander Schicksal, und ich glaubte es selbst, daher schämte ich mich meines Handwerks, mein Stolz trieb mich immer an, einen nach meiner Meynung anständigern Beruf zu suchen, und so gerieth ich abermal wieder ins Unglück, und zwar in das allererschrecklichste, gegen welches meine vorige Lage ein Elysium gewesen war.

Ich kam nämlich aufs Land bey einen vornehmen Kaufmann als Hauslehrer; dieser nebst seiner Frauen waren hochmüthige und ungefühlige Menschen; Geld und Familien-Verhältnisse waren ihnen Menschenwürde, alles übrige Betteley; ich hingegen war äusserst arm, ohne Kleider, und entblöst von jedem Befriedigungsmittel menschlicher Bedürfnisse. Daher wurde ich äusserst verächtlich, und als ein Landstreicher angesehen, alle meine Känntnisse galten nichts, man schämte sich meiner, schloß alles was Werth hatte vor mir zu, und kaum wurde das vom Gesinde bemerkt, so fieng das eine und das andre an zu naschen, auch wohl etwas zu veruntreuen, und dann wurde der Verdacht auf mich geschoben; dazu kam noch, daß man mich den ganzen Tag mit den Kindern einsperrte, so daß ich weder Menschen noch freye Luft geniesen konte.

Jezt kam mein Kummer auf die höchste Stuffe, mein Körper zehrte so ab, daß nichts als Haut und Knochen an mir war, und Gottes Hand allein bewahrte mich, daß ich mir nicht das Leben nahm. Doch ich mag meine Leser mit allem meinem Jammer nicht

nicht ermüden, gnug, ich entfloh im März des 1763sten Jahrs aus meinem Fegfeuer, gieng durch das Städtgen **Rade vorm Wald** gegen die Grafschaft **Mark** zu, ohne einen Heller Geld zu haben; hier irrte ich im Wald umher, und es war nun an dem, daß ich in meinem Leben zum erstenmal hätte mein Brod betteln müssen, als ich auf einmal erwachte und mein Handwerk lieb gewann; nun beschloß ich feyerlich lebenslang ein Handwerksmann zu bleiben, mein Stolz war nun aus dem Grunde geheilt, ich kehrte also in obengedachtes Städtgen zurück, fand daselbst bey einem edlen vortreflichen Manne Arbeit, und Seelenfrieden, mir ward es wieder innig wohl, und dieser Knecht Gottes kleidete mich von Haupt zu Fuß, und versah mich mit allem was ich bedurfte.

Nachdem ich hier etwa 16 Wochen sehr vergnügt gelebt hatte, suchte mich ein anderer reicher Kaufmann wieder zum Hauslehrer zu bekommen, ich sträubte mich lange dagegen, ließ mich aber doch endlich überreden, und hier war es, wo die Vorsehung anfieng mich aufwärts zu führen; Herr **Peter Johannes Flender an der Krähwinklerbrück**, eine Stunde von **Rade vorm Wald** wohnhaft, nahm mich nicht nur zum Hauslehrer, sondern auch zugleich zum Comtoirbedienten an, er ließ mich französisch lernen, und da ich nun seine Söhne so wohl in dieser als in der lateinischen Sprache unterrichten muste, so wurde ich selbst fertiger in denselben, und also immer geschickter zu studiren; aus bloser Liebhaberey legte ich mich auch auf das Griechische, in welchem ich hinlängliche Känntnisse erlangte; vorzüglich aber übte ich mich in der Philosophie nach Wolfs und Gottscheds Grundsäzzen, und da ich glaubte die Logik müsse in den Eigenschaften der Dinge eben das seyn, was die Rechenkunst in Ansehung ihrer Gröse und Zahl ist, so gab ich mir erstaunliche Mühe im Definiren und Demonstriren; freylich fand ich nun, daß man in Erfindung solcher Wahrheiten nicht zur mathematischen Gewißheit kommen könne, zugleich aber fieng ich auch an zu glauben, daß das eben nicht nöthig sey, indem man sich mit der moralischen wohl begnügen könne.

Wenn es wahr ist, was man mir schon oft gesagt hat, daß in meinen Schriften System, Deutlichkeit und Ordnung hervorleuchte, so hab ich diese Vorzüge ganz allein den Stunden zu danken, in welchen ich bey Herrn Flender mit unsäglicher Mühe Wolfs Schriften durchgearbeitet, und alles nachdemonstrirt habe.

Schon bey meinem Vater war das Reich der Phantasie ein Steckenpferd für mich, ich las Dichter und Romanen. Dieses sezte ich jezt noch immer fort; nun las ich Miltons verlohrnes Paradies, Klopstocks Messias, und andere mehr; schon als Kind hatten mich der Homer und der Virgil bezaubert, die ich in alten teutschen Uebersezzungen gelesen hatte, und jezt bekam ich eine Vorliebe zu den epischen und männlichen erzählenden Gedichten, die sich auch auf immer fest in mein Wesen verwebt hat.

In meiner jezzigen Lage befand ich mich wohl, Herr Flender vertraute mir immer mehr an, ich verwal-

verwaltete zween abgelegene Eisenhämmer, lernte also die Handlung, und die Fabriken aus dem Grund kennen, und da ich auch Landgüter zu verwalten hatte, so sezte ich mich auch in der Landwirthschaft immer fester. Dem allem ungeachtet würkte etwas in mir, das ich zu der Zeit nicht kannte, wie sehr ich mich auch manchmal prüfte und untersuchte, es war ein innerer mächtiger Drang nach einer anderen Bestimmung, die ich aber mit aller Mühe nicht errathen konte; ich fühlte wohl, daß sie im Gebiet der Gelehrsamkeit war, aber wenn ich mir alle Facultäten dachte, so fand ich doch an keiner ein rechtes Behagen; nichts erhub indessen meine Seele mehr als wohlgeschriebene politische Romane, und die Geschichte solcher Landesherren, die zum Besten ihres Volks gewürkt hatten; wenn ich über Land gieng, welches oft an mich kam, so träumte ich mir immer Regierungen und Staatsverfassungen, kurz meine ganze Seele arbeitete in diesem Fach ohne zu wissen warum? so gar schämte ich mich dieser Neigung, und bedauerte mich selbst, daß ich auf einem Steckenpferd ritte, welches so ganz ausser meinem Würkungskreis lag; daher redete ich auch wenig von dieser Sache, um nicht für einen politischen Kannengieser gehalten zu werden.

Dieser innere und mächtige Trieb machte mich denn doch immer unzufrieden; ich that alles was mir aufgetragen war mit äusserster Treue, aber nicht mit Lust, ich spürte immer eine ewige Langeweile, und wuste nicht warum, sahe auch keinen Ausweg je meine Neigung befriedigen zu können. Dazu kam noch

XVIII

die Ungewißheit was dereinst aus mir werden würde; zum Handwerksmann war ich nun verdorben, dem Schulamt war ich auch entflogen, und zur Handlung hatte ich weder Lust noch Vermögen.

Endlich im Jahr 1768 erwachte auf einmal die Lust in mir Medizin zu studiren; verschiedene Umstände würkten zusammen, daß ich mich diesem Theil der Gelehrsamkeit widmete; Herr **Flender** bestärkte mich in dem Vorsaz, und er mochte wohl einen Plan mit mir haben, der seiner Meynung nach mich glücklich machen sollte, allein mein Plan konte er nicht seyn. Ich studirte nun für mich selbst, las anatomische und physiologische Schriften, und präparirte mich so gut ich konte zu diesem meinem künftigen Beruf.

Indessen wurde ich mit einem rechtschaffenen Bandfabrikanten zu **Ronsdorf**, eine gute Stunde von Elberfeld bekant, ich verband mich mit seiner ältsten Tochter, nahm im Jahr 1770 im Herbst meinen Abschied von Herren **Flender**, nachdem ich sieben Jahr in seinem Dienst gewesen war, und gieng nun nach **Strasburg**, um die Arzneykunde zu studiren. Die sonderbaren Schicksale, und die fast wunderbare Vorsorge Gottes, welche ich in allen diesen Umständen erfahren habe, stehen in **Stillings** Lebensgeschichte nach der Wahrheit beschrieben, und ich übergehe sie hier, weil ich jezt nur den Zweck habe meine Geschichte als Gelehrter mitzutheilen.

Zu **Strasburg** gerieth ich in einen Zirkel von Männern, der ausserordentlich viel zu meiner Ausbildung beytrug: **Goethe** studirte auch da, und

speiste

speiste mit mir an einem Tisch, so auch der jezzige Inspector der Pfeffelischen Kriegsschule in Colmar, Herr Lerse, ferner Herr Lenz, und besonders der ehrwürdige Actuarius Salzmann; lauter Männer von vorzüglichem Geist und Herzen. Herder hielt sich auch eine Zeit lang dort auf, und ich hatte die Ehre genau mit ihm bekannt zu werden. Indessen hörte ich die treflichen Männer Spielmann und Lobstein, nebst Schurern, Ehrmann, und anderen geschickten Lehrern mehr. Eins kan ich nicht unbemerkt lassen: schon als Schulmeister war der öffentliche Vortrag meine gröste Lust gewesen, denn im Siegenschen ist es ein alter Gebrauch, daß der Schulmeister des Sonntags Nachmittags für seine Dorfgemeinde einen Gottesdienst halten, und ihr eine Predigt aus einer Hauspostille vorlesen muß; dieses war mir nun eine besondere Freude, und ich hatte es nach meiner Art in der Declamation so weit gebracht, daß ich in dem Vorlesen einen allgemein anerkannten Vorzug hatte. Als ich nun die Professoren zuerst ihre Collegien lesen hörte, so wurde der Trieb in mir unwiderstehlich, auch solche Collegia zu halten, und ich beschloß daher gleich den ersten Winter eine Lehrstunde in der Philosophie zu geben; ich machte mein Vorhaben bekannt, und bekam eine Menge Zuhörer, jezt fieng ich an mich mit äusserstem Fleiß im öffentlichen Reden zu üben, und so sezte ich mich auch in der Weltweisheit immer fester. Nun fand ich aber auch allmälig, daß die Leibniz-Wolfianische Philosophie ausserordentliche Lücken habe, daher suchte ich höhere Quellen, und fand sie auch. Unter allen

Wissenschaften die ich studiren muste, zogen mich die Physik und Chymie besonders an, und das zweyte Jahr las ich für Herrn **Spielmann** die Chymie publice; endlich schrieb ich 1772 im Winter meine Inaugural-Dissertation Specimen Historiae Martis Nassovico-Sigenensis, wurde examinirt, und disputirte den 22sten März ohne Vorsiz, wie ich wohl ohne eiteln Ruhm sagen kan, mit ganz besonderm Beyfall; ich reiste nun fort, und ließ mich als ordentlicher Arzt in der berühmten Bergischen Handelsstadt **Elberfeld** nieder.

Jezt glaubte ich nun nicht anders als ich sey von der Vorsehung zum Arzt berufen und bestimmt worden, besonders weil sie mich so sichtbarlich unterstüzt und geleitet hatte, daher erwartete ich nun auch vorzüglichen Segen in Heilung der Krankheiten, allein wie erstaunte ich, als ich fand, daß die praktische Arzneykunde durchaus meine Sache nicht war; ich hatte mir dieselbe viel wissenschaftlicher und gewisser vorgestellt, fand aber nun in den meisten Fällen, daß die Prämissen, woraus ich meine Heischesäzze folgern sollte, ganz vor meinen Augen verborgen waren, und daß ich mehrentheils als bloßer Empiriker verfahren muste. Dazu kam noch, daß ich mich mit diesem Beruf nähren muste, weil ich und meine Frau kein Vermögen hatten, nun waren aber ausser mir noch vier wackere Aerzte in der Stadt, die alle in voller Würksamkeit standen, und sich so zu sagen in die ganze Einwohnerschaft getheilt hatten, so daß für mich niemand übrig blieb als die Armen, und solche Kranken, die kein Mensch heilen konte, und die also noch

noch ihr Heil bey mir versuchten; ich hatte also gnug zu thun, aber ich konte nicht von meiner Praxis leben, denn ich wurde nicht bezahlt, dazu kam dann noch mein natürlicher Hang zur Wohlthätigkeit, und eine immerwährende Kränklichkeit meiner Frauen, so daß mein Zustand viel trauriger wurde als jemals. Ich mag von den schrecklichen sieben Jahren, die ich als Arzt in Elberfeld verlebt habe, nichts mehr sagen, sondern ich verspare alles in die Fortsezzung von Stillings Lebensgeschichte.

Indessen verzweifelte ich in den ersten Jahren noch nicht ganz, und ich fieng nun an mit äusserstem Fleiß zu untersuchen, ob die Arzneykunde nicht mehrerer Gewißheit fähig seye? Ich studirte also mit äusserstem Fleiß, durchkroch so zu sagen alle Winkel dieser Wissenschaft, las beständig physiologische und chirurgische Collegia für die jungen Wundärzte, und that überhaupt was ich konte, allein ich fand am Ende, daß ich nie als praktischer Arzt glücklich seyn würde, weil es mir zwar nicht an Wissenschaft, wohl aber an dem unnennbaren Etwas fehlte, das auch den sehr mittelmäsigen Arzt zu beglücken fähig ist.

Während der Zeit gerieth ich zufälliger Weise an die Staar-Operationen, diese machten mir Freude, besonders weil ich vorzügliches Glück dabey hatte, und ich wurde überhaupt als Augenarzt berühmt. Zugleich wurde ich mit den berühmten Brüdern Jakobi in Düsseldorf bekannt, der Herr Geheime Rath entdeckte an mir, so wie er glaubte, ein besonderes Genie, ich muste etwas für den damals entstandenen teutschen Merkur schreiben, und dieses war

XXII

Ase = Neitha eine orientalische Erzählung, ein Aufsaz, der würklich Beyfall fand, und mich aufmunterte mehreres von der Art zu versuchen. Doch ich übergehe das alles, weil es nicht zu meinem jezzigen Zweck dient.

Nach und nach fieng ich an gewahr zu werden, daß ich nicht zur Arzneykunde berufen seye, aber wozu dann? — Das war eine erschreckliche Frage für mich, ich hatte Frau und Kinder — und — Schulden, wer dies Unglück nicht kennt, der kennt das gröste nicht, das einem redlichen und aufrichtigen Mann zustoßen kan; alle Jahr wurden meine Schulden größer, und ich sahe keine Rettung und keinen Ausweg; mit einem Wort, wenn mich die Religion und mein unerschütterliches Vertrauen auf die Vatertreue meines Gottes nicht erhalten hätte, so wär ich vergangen in meinem Elend.

Im Jahr 1776 schrieb mir der Herr Regierungsrath Medikus in Mannheim wegen einer Sache, worinne ich ihm aber wegen meiner Lage nicht willfahren konte. Es ist ganz Teutschland bekannt, daß dieser rastlose Gelehrte die ehmalige Bienengesellschaft in Lautern gegen das Ende der sechziger Jahre in eine physikalisch = oeconomische verwandelte, und nach und nach die berühmte Cameral = Hohe = Schule, das erste Institut dieser Art, daran anknüpfte; Churfürst Carl Theodor begünstigte alle seine Vorschläge, und die bekannten vortreflichen Männer, Sukow und Schmid, wurden als die ersten Lehrer an diese hohe Schule berufen. Ich wuste von dieser ganzen Sache ein und anderes

aus

aus dem allgemeinen Gerücht, hatte aber keine weitere Aufmerksamkeit darauf; da ich nun, wie oben gemeldet, dem Herren Regierungsrath **Medikus** nicht willfahren konte, ihm aber doch meine Bereitwilligkeit zeigen wollte, so schlug ich ihm vor, ob ich ihm nicht mit Abhandlungen für das periodische Werk: **Bemerkungen der Churpfälzischen physikalisch-oeconomischen Gesellschaft in Lautern,** dienen könnte? Dieser Vorschlag wurde angenommen, und ich arbeitete eine nach der andern aus: ich beschrieb nämlich meine Erfahrungen, welche ich in Forstsachen, in den Fabriken und der Handlung gemacht hatte, man nahm meine Arbeiten mit unerwartetem Beyfall auf; so gar wurde ich gleich anfangs schon als Mitglied dieser würdigen Gesellschaft erklärt, und ich erhielte darüber mein Patent.

Indessen wurde mein Zustand immer trauriger und drohender, und ich ahndete noch immer keine frohe Auskunft; als ich aber 1778 auf Neujahr bey Ausfertigung meiner Rechnungen abermals weiter zurück gekommen war, und noch über das meine Praxis abnahm, so wuste ich keinen Rath mehr; zudem hatte ich in dortigen Gegenden Pränumeranten für die Bemerkungen der physikalisch-oeconomischen Gesellschaft gesammelt, die Zeit war da, daß dies Geld eingesendet werden muste, allein ich hatte es nicht, sah mich deswegen genöthigt dem Herrn **Medikus** meine Lage zu entdecken, und ihm zu sagen, daß ich bey der Ausübung der Arzneykunde mein Glück nicht machen konte; **Medikus** schrieb mir alsofort wieder zurück: er getraue sich den Churfürsten

XXIV

dahin zu bestimmen, daß Er mich als Lehrer der Landwirthschaft, Fabriken und Handlung und der Vieharzneykunde mit 600 Gulden Gehalt an der Cameral-Hohen-Schule anstellte; dieser Vorschlag drung mir tief in die Seele, und ich kan nicht umhin zu bemerken, daß damals etwas sonderbares mit mir vorgieng: ich fühlte nämlich bey dem Lesen dieses Briefs, daß dies die Bestimmung meines Lebens, und der Beruf sey, zu dem mich die hohe Vorsehung von der Wiegen an vorbereitet habe; alles was ich lehren sollte, hatte ich praktisch und so zu sagen mit der Faust gelernt, und nun auch als Medicus gerad alle die Hülfswissenschaften, und zwar mit vorzüglicher Vorliebe studirt, die dazu nöthig waren; zugleich stand das ganze System der Staatswirthschaft deutlich und sonnenhell vor meinen Augen, und es ist der Mühe werth, daß ich es hier nur mit ein paar Worten darlege.

Der Regent hat zwo Hauptpflichten: 1) sein Volk zu schüzzen, und 2) es zu beglücken.

Das Schuzgeschäfte besteht gegen die auswärtigen Feinde im Krieg, und zur Handhabung der innern Ruhe, in der Ausübung der Gerechtigkeitspflege.

Die Beglückung geschieht durch Erleichterung des Würkungskreises sämtlicher Unterthanen, und seiner Leitung zum höchsten Wohlstande.

Der Würkungskreis der Unterthanen besteht in sämtlichen Productionsbeschäftigungen, in der Fabrication, und in der Handlung.

Wenn

XXV

Wenn die Diener der regierenden Gewalt diesen Würkungskreis regieren und leiten sollen, so müssen alle seine Theile zu ordentlichen systematischen Wissenschaften erhoben, und von jenen ordentlich studiret werden.

Dann besteht der Würkungskreis der regierenden Gewalt und ihrer Dienerschaft erstlich darinnen, daß sie die ganze bürgerliche Gesellschaft so leite, einrichte und ordne, damit ihr ganzer Gang, so wohl im Leben als Erwerben dem höchsten Wohlstand entgegen strebe, und ihn würklich erreiche; dies alles bewürkt sie durch die **Polizey**.

Da alle diese Bemühungen, die Ausführung dieser Polizey und des Schuzgeschäftes nebst der Erhaltung des Regenten eine jährliche Aufwandssumme erfordern, welche nothwendig von der bürgerlichen Gesellschaft bestritten werden muß, so entsteht eine Wissenschaft, welche lehret, wie man diese Summe auf eine gerechte Weise auf alle Unterthanen vertheilen, von ihnen erheben, und zugleich durch eine gute Rechnungsführung zu Buch tragen müsse; diese Wissenschaft ist die Lehre vom **Finanz- und Rechnungswesen.**

Wenn nun diese Summe in die Generalcasse eingebracht worden, so muß man sie nun auch zweckmäsig verwenden; dieses geschieht durch die beste Einrichtung der Staatsverfassung, Bildung des Regenten, und seiner Dienerschaft, und überhaupt durch die beste Einrichtung der Staatsmaschine, damit alles leicht und ungehindert von statten gehen möge, diese Wissenschaft nenne ich **die eigentliche Staats-**

wirthschaft, oder die Staatshaushaltungskunde.

Dieses ganze System entwickelte sich leicht und gleichsam in einem Augenblick in meinem Gemüth, und es gab mir eine innere Beruhigung und einen Frieden, den ich in meinem ganzen Leben noch nie in dem Grad geschmeckt hatte. Nun schrieb ich an Medikus, daß ich den Beruf annehmen würde, dieser stellte also dem Churfürsten die Sache vor, Se. Durchl. genehmigten den Vorschlag, und so wurde ich im Frühjahr 1778 von der Cameral-Hohen-Schule zum ordentlichen öffentlichen Lehrer der Landwirthschaft, Technologie, Handlung und Vieharzneykunde erwählt.

So bald ich diese Nachricht hatte, legte ich mich nun mit Ernst auf meine neue Bestimmung, indem ich mein obiges System weiter bearbeitete und zergliederte; nun hielt ich aber für nützlich, daß der Jüngling, so wie er auf die hohe Schule käme, mit diesem System hinlänglich bekannt gemacht würde, damit es ihn im ganzen Lauf seiner Studien sicher leiten möchte, daher beschloß ich ein Lehrbuch zu schreiben, dem ich den Titel Grundlehre sämtlicher Cameral-Wissenschaften beyzulegen gedachte; ich fieng auch schon würklich an, daran zu arbeiten, und zog mich allmälig ganz aus meiner medizinischen Praxis heraus, so brachte ich den Sommer zu, und dachte nun nicht anders, als daß ich im Herbst nach Lautern ziehen würde, allein wie erschrak ich, als ich, ohne auch nur den Schlag von ferne zu ahnden, einen Brief von Medikus bekam, in welchem er

mir

mir ankündigte, daß aus meinem Beruf nichts werden könnte, weil mit der Cameral-Schule eine Aenderung vor der Thür seye, die es bedenklich mache mehrere Lehrer anzustellen. Jezt war mein Zustand erschrecklich, doch faßte ich mich endlich, ergab mich in mein Schicksal, und fieng wieder an zu praktisiren. Kaum hatte ich mich beruhigt, so kam meine Vocation, und ich zog im October auf meinen Posten.

Den ersten Winter arbeitete ich meine Grundlehre ins Reine und ließ sie drucken, zugleich aber las ich mein erstes Collegium über das Manuscript; jezt fühlte ich recht, wie sehr ich in meiner natürlichen Laufbahn war, Stimme, Brust, Vortrag, alles befand sich wie es seyn sollte, alles schien mir bekannt, leicht und geläufig.

Bey der Erscheinung meiner Grundlehre im Publico war mir von Herzen bange, mein System war noch roh und unbearbeitet, und ich stieß gar oft auf Gegenstände, die ich noch gar nicht durchschauen konte, das Ganze war recht gut, aber in der Zergliederung fehlte noch viel, und doch drung mich Noth und Klugheit damit ans Licht zu treten: denn erstlich war ein Leitfaden zu diesem Collegium nöthig, und zweytens entstand ein allgemeines Vorurtheil gegen mich; das Publicum konte nicht begreifen, wie ein praktischer Arzt so ex abrupto ein Lehrer der Cameralwissenschaften werden könte; ich hielt also für nöthig öffentlich ein Probestück meiner Fähigkeiten darzulegen, um zu zeigen, was ich jezt schon vermöchte, und was ich also bey fernerer Verwendung vermögen würde. Indessen wurde mein Buch noch

gut

gut gnug aufgenommen, besser als ich erwartet hatte, dies machte mir nun Muth in Bearbeitung meines Systems getrost fortzufahren.

Das darauf folgende Frühjahr fieng ich nun an die Forstwirthschaft, die Landwirthschaft und die Technologie zu lesen; zur Forstwirthschaft war ich nicht verpflichtet, allein ich legte mir diese Pflicht selbst auf, denn ich glaubte sie sey dem staatswirthschaftlichen Beamten unentbehrlich. Ich suchte ein Lehrbuch, fand aber unter allen keins das in mein System paßte, ich dictirte also im Collegium, und that so gut ich konte; die Landwirthschaft und Technologie las ich über Herrn Beckmanns vortrefliche Compendien, allein ich muß aufrichtig gestehen, mein System stand vor mir, ich sahe es im Geist als ein prächtiges Gebäude an, das ich vollenden müste, und ich fand nirgend einen Leitfaden, der in meinen Plan nur einigermassen paßte. Ich faßte also den kühnen Entschluß, für erst einmal mein Lehrgebäude aus dem Groben zu bearbeiten, und über meine Wissenschaften rohe Entwürfe herauszugeben, und so bitte ich auch alle meine Leser alle meine bisherige staatswirthschaftliche Schriften anzusehen; ich muste sie schreiben, um meine Lehrstunden ordentlich halten, und meinen Zuhörern das ganze System vortragen und beybringen zu können, unmöglich aber war es mir in so kurzer Zeit etwas Vollendetes zu liefern; wenn mir Gott Leben und Gesundheit schenkt, so werde ich, wenn nun noch meine Finanzwissenschaft und Staats-Haushaltungskunde heraus ist, wieder vorn anfangen, und dann mein ganzes

System,

System, so viel es in diesem gebrechlichen Leben thunlich ist, vollendet der Welt darlegen. Doch ich kehre wieder zu meiner Geschichte zurück.

Mein Herr College **Sukow** lehrte die Hülfswissenschaften, **reine und angewandte Mathematik, die oeconomische Naturgeschichte, Naturlehre, und Scheidekunst**, und zwar alles zum oeconomischen Zweck. Herr Hofrath **Schmid** aber trug das **Natur- und Völkerrecht**, die gewöhnliche **Polizey, Finanz-** und **Staatswirthschaft** vor. Nun hatte ich aber keinen heiseren Wunsch, als daß die ganze Cameral-Schule von Anfang an, bis zu Ende, nach meinem System gelehrt und gearbeitet hätte, und doch durfte ich mein Verlangen nicht äussern; jeder Gelehrte hat seinen eigenen Plan und Gang, und es wäre Tollkühnheit und Raserey von mir gewesen, wenn ich den beyden verehrungswürdigen Männern Anträge von der Art hätte machen wollen; ich füllte also bloß die Lücke zwischen **Sukow** und **Schmid** aus, so daß ich jedes halbe Jahr **die Grundlehre sämtlicher Cameralwissenschaften**, und dann im Sommer **die Forstwirthschaft, Landwirthschaft und Technologie**, im Winter aber **das Rechnungswesen, die Handlungswissenschaft, die Vieharzneykunde, und die Gewerbpolizey** lehrte. Bey allem dem wuchs aber das Verlangen in mir, einmal in eine Lage zu kommen, in welcher ich das ganze staatswirthschaftliche Fach ganz allein zu bearbeiten und zu lehren haben würde, denn mein Trieb ist unüberwindlich, mein System ganz zu vollenden, dies war mir aber in Lautern

und

XXX

und Heydelberg unmöglich. Dies ist der erste Grund, warum ich die Pfalz verließ, und den Ruf nach Marburg annahm. Dazu kam aber noch ein zweyter:

Meine Erziehung, mein bisheriger Lebenswandel, und Verhältnisse, und mein Caracter, in welchem Offenherzigkeit, die nicht immer mit der gehörigen Behutsamkeit verpaart gieng, besonders hervorstach, stellten mich gleich von Anfang meinen Mitarbeitern auf einer Seite dar, die man nicht in ihrem wahren Licht betrachtete; meine rastlose Thätigkeit, die so äusserst gut gemeynt war, wurde als Empordrang angesehen, man glaubte ich wollte jedem den Rang ablaufen; den Beyfall, den ich in meiner Amtsführung hatte, suchte ich nicht zu verdecken, sondern da ich von Herzen glaubte, jeder müste sich mit mir darüber freuen, so äusserte ich mich hin und wieder darüber, und zwar mit einer Art von Entzücken; dieses wurde nun als ein Triumph über meine Collegen betrachtet, es war also nichts natürlicher, als daß bald Mistrauen und Kälte entstand, welche so gar heimliche Schranken erzeugte, die man, wie man glaubte, meinem emporstrebenden Geist entgegen sezzen müste. Ich merkte das alles bald mit dem äussersten Kummer, aber die wahre Ursache ahndete ich erst, als es zu spät war, ich suchte daher alle die um mich waren, durch Dienstfertigkeit und Freundlichkeit zu gewinnen, allein das Mistrauen war einmal tief eingewurzelt, man sah das als Falschheit an, und betrachtete mich als einen politischen Menschen, vor dem man sich in acht zu nehmen habe.

Indessen

XXXI

Indessen wurde im Jahr 1784 im Herbst die Cameral-Hohe-Schule nach **Heydelberg** verlegt, allerhand Umstände kamen noch hinzu, so daß jenes Mistrauen mehr zu als abnahm; alle meine Treue, mein Fleiß und meine Mühe wurden von denen verkannt, die mir doch wenigstens ihre Zufriedenheit hätten bezeugen sollen; das alles zusammen machte mir endlich meine Lage schwer, so daß ich verwichenen Winter 1787, auch noch darum um so viel lieber den Ruf hieher nach **Marburg** annahm, weil er in Ansehung der Besoldung das Glück meiner Familie auf immer gründete.

Gott weiß, daß ich hier weder dem Herren Regierungsrath **Medikus**, noch irgend einem meiner ehmaligen Herren Collegen etwas zur Last legen, oder zu nah geredet haben will, wir haben Beyspiele gnug, daß sich auch die besten Menschen nicht verstanden, besonders wenn Collegial-Verhältnisse dazu kamen. Gott segne die Staatswirthschafts-Hohe-Schule mit Ihrem Director und Lehrern! nur das erlaube man mir zu sagen: sie haben mich alle sehr verkannt, und es wird eine Zeit kommen, wo sie das einsehen und bereuen werden.

Meine Vocation hieher nach **Marburg** legte mir nun die Pflichten auf, die **Oeconomie, Finanz-** und **Cameralwissenschaften** zu lehren, allein ich würde meinem innern Trieb nicht entsprechen, wenn ich mich damit beruhigen wollte; hier bin ich in meinem Fach ganz allein, keiner beneidet, keiner hindert mich, durch viele Erfahrungen belehrt, bin ich behutsamer und klüger geworden, auf diese Weise kan

ich

ich also mein ganzes System nach den Wünschen meines Herzens ganz ausfüllen, und dies geschieht, so lang mir Gott Leben und Gesundheit fristet, folgender Gestalt:

Der Sommercours ist allemal dem Würkungskreis der Unterthanen, oder den Gewerbwissenschaften gewidmet, der Wintercours hingegen dem Würkungskreis der gesezgebenden Gewalt.

Da die Grundlehre sämtlicher Staatswirthschaftlichen Wissenschaften sehr gemeinnüzzig ist, so lese ich sie jedes halbe Jahr publice, und zwar Mittwochs und Samstags in einer Vormittagsstunde, in den übrigen vier Tagen der Wochen widme ich im Sommer die nämliche Stunde der Forstwissenschaft, und im Winter dem Bergbau; dann lehre ich im Sommer noch drey Stunden des Tages, in der ersten die Landwirthschaft, in der zweyten die Technologie, und in der dritten die Handlungswissenschaft.

Im Winter bestimme ich, nebst der Morgenstunde, die die Grundlehre und den Bergbau enthält, die erste der Polizey, die zweyte der Finanzwissenschaft und dem Rechnungswesen, und die dritte der Staatshaushaltungskunde; so gebe ich also täglich vier Stunden, und mein ganzes System wird in einem Jahr ausgefüllt.

Als ich hieher kam hatte ich folgende Lehrbücher herausgegeben:

1) Grundlehre sämtlicher Cameralwissenschaften.

2) Lehrbuch der Forstwirthschaft, 2te Auflage.

3) Lehr-

3) Lehrbuch der Landwirthschaft.

4) Lehrbuch der Fabrikwissenschaft.

5) Lehrbuch der Handlungswissenschaft.

6) Lehrbuch der Vieharzneykunde.

Diese Wissenschaft habe ich nun hier meinem Collegen dem würdigen Herrn Professor der Arzneykunde, Busch überlassen, der sie über mein Compendium schon würklich vorträgt, denn sie lag immer zu weit ausser meiner Sphäre.

7) endlich, Lehrbuch der Cameral-Rechnungswissenschaft. Ich hab schon oben erinnert, daß ich mit keinem von diesen Werken zufrieden bin, denn sie sind alle blos vorläufige rohe Entwürfe, deren ich aber bedurfte, wenn ich meine Wissenschaften systematisch lehren wollte; ich muste allemal eilen, um nur einen Leitfaden zu bekommen. Der unpartheyische sachkundige Mann wird aber doch bey dem allem System, Ordnung, Deutlichkeit und Tendenz zu einem gewissen Ziel, nämlich der Staatsbeglückung, bemerken, und also einsehen, daß noch aus meinen Kindern etwas werden kan, wenn sie nun nur gut erzogen werden.

Verwichenen Sommer im August fieng ich an auf meine Wintercollegia zu denken: hier hatte ich mich auf des berühmten Herren von Sonnenfels Grundsäzze verlassen, als ich aber seine Polizey durchgieng, so fand ich, daß sie von meinem System himmelweit verschieden war; denn ich denke mir unter dem Wort Polizey alle Mittel, welche die regierende Gewalt anwendet, die bürgerliche Gesellschaft so zu ordnen und einzurichten, daß

c jeder

jeder einzelne und mit ihm das Ganze sicher, ruhig und bequem seine irdische Glückseligkeit erlangen kan, und würklich erlangt; in gegedachtem Buche aber fand ich nur die gewöhnliche Polizey, und zwar blos aus dem Begrif der Sicherheit hergeleitet. Seine Finanzwissenschaft aber fand ich bis auf die Verzehrungssteuer meinen Begriffen gemäß, diese wählte ich also zum Lehrbuch, und beschloß nun noch vor Winter abermal einen rohen Entwurf der Polizey zu schreiben, und darüber zu lesen. Ich gab mich also ans Arbeiten, und Herr Reich in Leipzig ans Drucken, und so kamen immer so viel Bogen, als ich zu meinem Collegium brauchte. Mein edler Freund Reich starb, und so ist dies das lezte Werk, welches er verlegt hat.

Auf diese Weise ist also folgendes Werk wieder in Eile und auf eine Art entstanden, die Entschuldigung bedarf, viele Vorschläge mögen wohl gedehnt, viele unreif, und noch viele unausführbar seyn, allein die Ordnung und das System halte ich doch beynahe für vollkommen, und ich glaube damit wird man sich wohl beruhigen. Wenn man mit diesem Buch indessen so zufrieden ist, wie mit allen vorigen, so danke ich Gott und der Nachsicht unserer Rezensenten; meine Geschichte wird jeden überzeugen, daß ich in meiner Lage nicht mehr habe thun können; habe Gedult geliebtes teutsches Vaterland! Fristet mir mein groser himmlischer Führer das Leben und meine Gesundheit, so folgt nun nächsten Sommer meine Finanzwissenschaft, dann die Staatshaushaltungskunde, und dann werde ich wieder von vorne

anfan-

anfangen, ein Werk nach dem andern ins Reine arbeiten, und so vollkommen machen, als es mir möglich ist; möchte ich nur so lange leben, bis auf diese Weise mein ganzes System fertig ist!

Muß ich mich auch etwa über den Titel Staats-Polizeywissenschaft erklären? — ich wollte mein Lehrgebäude dadurch von der gewöhnlichen Polizey, welche auch mit dazu gehört, unterscheiden, mehr brauch ich wohl nicht zu sagen.

Leser! — Zuhörer! Freunde alle! — blickt in mein gutes redliches offenes Herz, und liebt mich wie ich Euch alle liebe.

Marburg den 12ten Jenner
1788.

Dr. Jung.

Lebenslauf
Johann Heinrich Jung-Stilling

Persönliche Daten

Geburtsdatum : 12. September 1740

Geburtsort : Grund bei Hilchenbach in Westfalen im damaligen Fürstentum Nassau-Siegen.

Eltern : Vater: Johann Helmann Jung, Schullehrer, Schneider und Feldmesser (4. 11. 1716 – 7. 9. 1802).

Mutter: Johanna Dorothea Katharina (Dortchen) Jung, geb. Fischer († 19. 4. 1742).

Schulausbildung Selbststudium bis zum 10. Lebensjahr.

1750–1755 Besuch der Lateinschule in Hilchenbach: Erwerb von Literaturkenntnissen und fundierten Kenntnissen der lateinischen Sprache.

Berufsausbildung und Berufspraxis

1755–1762 Erste Schulmeisterstelle in einem benachbarten Ort (auf der Lützel) im Mai 1755.
Mehrere Schulmeisterstellen in Solingen (1756, als Hauslehrer), Gräfenbach (1756), Dreisbach (1757), Klafeld (1760) und Hilchenbach (1762).
Zwischendurch immer wieder Arbeit in der elterlichen Schneiderei und Landwirtschaft.
Selbststudium mystischer Schriften, der Mathematik und der Geographie.

1762 Schneidergeselle bei dem Schneidermeister Stöcker in Solingen.

1762/63 Hauslehrer bei dem Kaufmann Peter Hartkop in Hückeswagen.

1763 Schneidergeselle bei dem Schneidermeister Johann Jakob Becker in Radevormwald.

1763–1770 Dienst bei dem aus dem Siegerland stammenden Gutsbesitzer, Fabrikanten und Kaufmann Peter Johann Flender bei Radevormwald als Hauslehrer und Verwalter von Hammerwerken:
- Erlangung von Kenntnissen über Handel und Gewerbe, insbesondere über das Eisengewerbe;
- literarische Weiterbildung: Studium der

	Werke von Milton, Young und Klopstock;
	– philosophische Weiterbildung: Studium der Werke von Leibniz und Wolff;
	– Erlernen der griechischen, hebräischen und französischen Sprache und Weiterbildung in Latein;
	– medizinische Vorstudien (Anatomie und Naturlehre), angeregt durch den Dienstherrn;
	– Einweisung in die Augenheilkunde durch den katholischen Pastor Molitor aus Attendorn.
1770–1772	Studium der Medizin in Straßburg:
	– Bekanntschaft mit Goethe, Herder, Lenz und Lerse;
	– Mitgliedschaft in der staatswirtschaftlichen Gesellschaft zu Kaiserslautern und Veröffentlichung zahlreicher Aufsätze über Handel und Gewerbe in der Zeitschrift der Gesellschaft.
17. 6. 1771	Heirat mit der Kaufmannstochter Christine Heyder aus Ronsdorf. Zwei Kinder: Tochter Hanna und Sohn Jacob.
März 1772	Erfolgreicher Studienabschluß mit der Promotion zum Doktor der Medizin.
Mai 1772	Gründung einer ärztlichen Praxis in Elberfeld.
	Durchführung von Augenstaroperationen.
Juli 1774	Besuch Goethes in Elberfeld, der das Manuskript von „Henrich Stillings Jugend“ an sich nahm und es ohne Wissen des Verfassers drucken ließ (erschienen 1777).
1778–1784	Lehrtätigkeit an der kurpfälzischen Kameralhochschule zu Kaiserslautern als Professor der Landwirtschaft, Technologie und Vieharzneikunde aufgrund einer Berufung durch den badischen Markgrafen Karl Friedrich. Veröffentlichung zahlreicher wirtschaftswissenschaftlicher Lehrbücher.
17.10.1781	Tod der Ehefrau Christine.
16. 8. 1782	Heirat mit Selma von St. George. Neun Kinder, von denen nur die Töchter Lisette

	und Caroline das Erwachsenenalter erreichten.
1784–1787	Lehrtätigkeit in Heidelberg, bedingt durch die Verlegung der Akademie von Kaiserslautern nach Heidelberg. Verleihung des Titels Kurpfälzischer Hofrat.
1786	Promotion zum Doktor der Philosophie.
30. 1. 1787	Berufung an die Universität Marburg als Professor der Ökonomie-, Finanz- und Kameralwissenschaften durch den Landgrafen Wilhelm IX. von Hessen-Kassel.
1787–1803	Lehrtätigkeit an der Universität Marburg: – Veröffentlichung mehrerer wirtschaftswissenschaftlicher Lehrbücher; – Mitbegründung des Staatswirtschaftlichen Instituts in Marburg; – Veröffentlichung zahlreicher bedeutender literarischer Werke; – Durchführung von Augenstaroperationen im In- und Ausland.
4. 7. 1787	„Antrittsrede über den Ursprung, Fortgang und die Lehrmethode der Staatswirthschaft“.
12. 9. 1789	Errichtung des Staatswirtschaftlichen Instituts (Institutum Oeconomico Politicum) durch landgräflichen Erlaß.
13. 5. 1790	Eröffnungsrede des Staatswirtschaftlichen Instituts.
23. 5. 1790	Tod der zweiten Ehefrau Selma.
19. 11. 1790	Heirat mit Elise Coing, der Tochter eines Marburger Theologieprofessors. Vier Kinder: Töchter Lubecka, Amalie Sophie und Christine, Sohn Friedrich.
1792	Prorektor der Universität Marburg.
1795 u. 1802	Leitung des Staatswirtschaftlichen Instituts in Marburg.
1803–1806	Geheimer Hofrat in Heidelberg: – Tätigkeit als freier Schriftsteller; – zahlreiche Augenstaroperationen.
1806–1817	Übersiedlung ins großherzogliche Schloß nach Karlsruhe:

		– Tätigkeit als persönlicher Berater des Großherzogs Karl Friedrich von Baden; – ausgiebige Korrespondenz mit Christen aus aller Welt.
	März 1817	Tod der dritten Ehefrau Elise.
Todestag	2. April 1817 in Karlsruhe.	

Literaturverzeichnis

Benrath, Gustav Adolf: Einleitung. In: Johann Heinrich Jung-Stilling: Lebensgeschichte. Hrsg. Gustav Adolf Benrath. Darmstadt 1976, S. IX.-XXXI.

Benz, Ernst: Jung-Stilling in Marburg. 2. Aufl. Marburg 1971.

Borcherdt, Hans Heinrich: Der Roman der Goethezeit. Urach und Stuttgart 1949.

Cunz, Dieter: Nachwort. In: Johann Heinrich Jung-Stilling: Henrich Stillings Jugend, Jünglingsjahre, Wanderschaft und häusliches Leben. Stuttgart 1968, S. 367-422.

Dittrich, Erhard: Die deutschen und österreichischen Kameralisten. Darmstadt 1974.

Drews, Gabriele: Nachwort. In: Johann Heinrich Jung-Stilling: Henrich Stillings Jugend, Jünglings-Jahre und Wanderschaft. München 1982, S. 279-297.

Fischer, Heinz: Gehalt und Gestalt von Jung-Stillings Jugendgeschichte. Staatsexamensarbeit Siegen 1936.

Fischer, Heinz: Johann Heinrich Jung-Stilling, ein Schilderer Siegerländer Bauerntums und Siegerländer Landschaft. In: Sauerländischer Gebirgsbote. 48. Jg. Arnsberg 1940, S. 97-98.

Geiger, Max: Aufklärung und Erweckung. Beiträge zur Erforschung Johann Heinrich Jung-Stillings und der Erweckungstheologie. Zürich 1963.

Giersch, Herbert et al.: Weltwirtschaftsordnung und Wirtschaftswissenschaft. Stuttgart und New York 1978.

Goethe, Johann Wolfgang: Aus meinem Leben. Dichtung und Wahrheit. Zweyter Theil. Berlin 1970.

Götting, Franz: Goethes Straßburger Freund Jung-Stilling. In: Goethe-Kalender auf das Jahr 1937. 30. Jg. Leipzig 1937, S. 218-248.

Grollmann, J. R.: Vorwort. In: Johann Heinrich Jung genannt Stilling: Sämmtliche Schriften. Band 1. Hildesheim und New York 1979, S. 5-22.

Historische Commission bei der Königlichen Akademie der Wissenschaften (Hrsg.): Allgemeine Deutsche Biographie. Band 14. 2. Aufl. Berlin 1969.

Jung, Johann Heinrich: Staatswirthschaftliche Anmerkungen bei Gelegenheit der Holznüzung des Siegerlandes. In: Bemerkungen der

Kuhrpfälzischen physikalisch-ökonomischen Gesellschaft vom Jahre 1775, S. 126-169.

Jung, Johann Heinrich: Versuch einer Grundlehre sämmtlicher Kameralwissenschaften. Lautern 1779.

Jung, Johann Heinrich: Lehrbuch der Vieharzneykunde. Erster Theil. Heidelberg 1785.

Jung, Johann Heinrich: Anleitung zur Cameral-Rechnungs-Wissenschaft nach einer neuen Methode des doppelten Buchhaltens. Leipzig 1786.

Jung, Johann Heinrich: Antrittsrede über den Ursprung, Fortgang und die Lehrmethode der Staatswirthschaft. Marburg 1787.

Jung, Johann Heinrich: Vorschläge zu einem bequemern Cameral-Rechnungs-Styl. In: Vorlesungen der Churpfälzischen physikalisch-ökonomischen Gesellschaft. Zweiter Band. Mannheim 1787.

Jung, Johann Heinrich: Abhandlungen oeconomisch und statistischen Inhalts. Kopenhagen und Leipzig 1788.

Jung, Johann Heinrich: Lehrbuch der Finanz-Wissenschaft. Leipzig 1789.

Jung, Johann Heinrich: Lehrbuch der Cameral-Wissenschaft oder Cameral-Praxis. Marburg 1790.

Jung, Johann Heinrich: Die Grundlehre der Staatswirthschaft. Marburg 1792.

Jung, Johann Heinrich: Staatswirthschaftliche Ideen. Erstes Heft. Marburg 1798.

Jung, Johann Heinrich: Gemeinnütziges Lehrbuch der Handlungswissenschaft für alle Klassen von Kaufleuten und Handlungsstudirenden. 2. Aufl. Leipzig 1799.

Jung, Johann Heinrich: Beschreibung der Nassau-Siegenschen Methode Kohlen zu brennen. Siegen 1958.

Jung, Johann Heinrich: Geschichte des Nassau-Siegenschen Stahl- und Eisengewerbes. Siegen 1959.

Jung-Stilling, Johann Heinrich: Henrich Stillings Jugend, Jünglingsjahre, Wanderschaft und häusliches Leben. Stuttgart 1968.

Jung-Stilling, Johann Heinrich: Lebensgeschichte. Hrsg. Gustav Adolf Benrath. Darmstadt 1976.

Jung-Stilling, Johann Heinrich: Henrich Stillings Jugend. Siegen 1982.

Jung-Stilling, Johann Heinrich: Henrich Stillings Jugend, Jünglings-Jahre und Wanderschaft. München 1982.

Jung genannt Stilling, Johann Heinrich: Sämmtliche Schriften. Band 1. Hildesheim und New York 1979.

Krüsselberg, Hans-Günter: Wirtschaftswissenschaft an der Philipps-Universität: Blickpunkte – Brennpunkte. In: Wirtschaftswissenschaften in Theorie und Praxis. Hrsg. Wolfgang Lück. Marburg 1989, S. 31-47.

Landgräfliches Reskript über die Einrichtung eines Staatswirtschaftlichen Instituts an der Universität Marburg. 1789, September 12. In: Stieda, Wilhelm: Die Nationalökonomie als Universitätswissenschaft. Leipzig 1906, S. 347-349.

Lück, Wolfgang: Wirtschaftsprüfung und Treuhandwesen. Stuttgart 1986.

Lück, Wolfgang: In Marburg am Ziel der Wünsche. Antrittsvorlesung von Jung-Stilling vor 200 Jahren. In: Hessenland. Folge 92. 1987, S. I-IV.

Lück, Wolfgang: Auf Staatswirtschaft folgte Augenoperation. Vor 200 Jahren kam Heinrich Jung-Stilling nach Marburg. In: Hessenland. Folge 93. 1987, S. IV.

Lück, Wolfgang (Hrsg.): Wirtschaftswissenschaften in Theorie und Praxis. Marburg 1989.

Lück, Wolfgang: Johann Heinrich Jung-Stilling: Mitbegründer des Staatswirtschaftlichen Instituts an der Philippina vor 200 Jahren. In: alma mater philippina, Wintersemester 1989/90, S. 18–21.

Manger, Eduard: Jung-Stilling. In: Allgemeine Deutsche Biographie. Hrsg. Historische Commission bei der Königlichen Akademie der Wissenschaften. Band 14. 2. Aufl. Berlin 1969, S. 697-704.

Merk, Gerhard: Jung-Stilling-Lexikon Wirtschaft. Berlin 1987.

Müller, Hermann: Vorwort. In: Johann Heinrich Jung-Stilling: Henrich Stillings Jugend. Siegen 1982, S. 7-14.

Panthel, Hans W. (Hrsg.): Jung-Stilling. Briefe 1787-1816. Hildesheim 1978.

Panthel, Hans W.: Vorwort. In: Jung-Stilling. Briefe 1787-1816. Hrsg. Hans W. Panthel. Hildesheim 1978, S. 7-22.

Professor Jungs Gutachten über das Staatswirtschaftliche Institut in Marburg. 1789. In: Stieda, Wilhelm: Die Nationalökonomie als Universitätswissenschaft. Leipzig 1906, S. 344-346.

Reuter, Heinrich: Joh. Heinr. Jung gen. Stilling als Staatswirtschaftler. Diss. Gießen 1930.

Roscher, Wilhelm: Geschichte der Nationalökonomik. München und Berlin 1924.

Stecher, Gotthilf: Jung Stilling als Schriftsteller. Palaestra CXX. Berlin 1913.

Stieda, Wilhelm: Die Nationalökonomie als Universitätswissenschaft. Leipzig 1906.

Zeitungsinserat über das Staatswirtschaftliche Institut in Marburg. 1789 im November. In: Stieda, Wilhelm: Die Nationalökonomie als Universitätswissenschaft. Leipzig 1906, S. 350-351.

Anmerkungen

1) Vgl. Drews, Gabriele: Nachwort. In: Johann Heinrich Jung-Stilling: Henrich Stillings Jugend, Jünglings-Jahre und Wanderschaft. München 1982, S. 287.
2) Vgl. Manger, Eduard: Jung-Stilling. In: Allgemeine Deutsche Biographie. Hrsg. Historische Commission bei der Königlichen Akademie der Wissenschaften. Band 14. 2. Aufl. Berlin 1969, S. 698.
3) Vgl. Panthel, Hans W.: Vorwort. In: Jung-Stilling. Briefe 1787–1816. Hrsg. Hans W. Panthel. Hildesheim 1978, S. 10.
4) Vgl. Panthel, Hans W.: Vorwort. In: Jung-Stilling. Briefe 1787–1816. Hrsg. Hans W. Panthel. Hildesheim 1978, S. 11.
5) Vgl. Drews, Gabriele: Nachwort. In: Johann Heinrich Jung-Stilling: Henrich Stillings Jugend, Jünglings-Jahre und Wanderschaft. München 1982, S. 282–283.
6) Jung-Stilling, Johann Heinrich: Lebensgeschichte. Hrsg. Gustav Adolf Benrath. Darmstadt 1976, S. 271.
7) Goethe, Johann Wolfgang: Aus meinem Leben. Dichtung und Wahrheit. Zweyter Theil. Berlin 1970, S. 344–345.
8) Vgl. Manger, Eduard: Jung-Stilling. In: Allgemeine Deutsche Biographie. Hrsg. Historische Commission bei der Königlichen Akademie der Wissenschaften. Band 14. 2. Aufl. Berlin 1969, S. 701.
9) Vgl. Drews, Gabriele: Nachwort. In: Johann Heinrich Jung-Stilling: Henrich Stillings Jugend, Jünglings-Jahre und Wanderschaft. München 1982, S. 283.
10) Vgl. Benz, Ernst: Jung-Stilling in Marburg. 2. Aufl. Marburg 1971, S. 7.
11) Vgl. Reuter, Heinrich: Joh. Heinr. Jung gen. Stilling als Staatswirtschaftler. Diss. Gießen 1930, S. 12.
12) Jung, Johann Heinrich: Staatswirthschaftliche Anmerkungen bei Gelegenheit der Holznüzung des Siegerlandes. In: Bemerkungen der Kuhrpfälzischen physikalisch-ökonomischen Gesellschaft vom Jahre 1775, S. 137.
13) Jung, Johann Heinrich: Staatswirthschaftliche Anmerkungen bei Gelegenheit der Holznüzung des Siegerlandes. In: Bemerkungen der Kuhrpfälzischen physikalisch-ökonomischen Gesellschaft vom Jahre 1775, S. 139–141
14) Jung, Johann Heinrich: Beschreibung der Nassau-Siegenschen Methode Kohlen zu brennen. Siegen 1958, S. 4–5.
15) Jung, Johann Heinrich: Beschreibung der Nassau-Siegenschen Methode Kohlen zu brennen. Siegen 1958, S. 1.
16) Jung, Johann Heinrich: Beschreibung der Nassau-Siegenschen Methode Kohlen zu brennen. Siegen 1958, S. 3.
17) Jung, Johann Heinrich: Beschreibung der Nassau-Siegenschen Methode Kohlen zu brennen. Siegen 1958, S. 28.
18) Vgl. Jung-Stilling, Johann Heinrich: Lebensgeschichte. Hrsg. Gustav Adolf Benrath. Darmstadt 1976, S. 354.
19) Vgl. Reuter, Heinrich: Joh. Heinr. Jung gen. Stilling als Staatswirtschaftler. Diss. Gießen 1930, S. 15.
20) Vgl. Reuter, Heinrich: Joh. Heinr. Jung gen. Stilling als Staatswirtschaftler. Diss. Gießen 1930, S. 14.
21) Vgl. Reuter, Heinrich: Joh. Heinr. Jung gen. Stilling als Staatswirtschaftler. Diss. Gießen 1930, S. 18.
22) Vgl. Benz, Ernst: Jung-Stilling in Marburg. 2. Aufl. Marburg 1971, S. 14.
23) Vgl. Reuter, Heinrich: Joh. Heinr. Jung gen. Stilling als Staatswirtschaftler. Diss. Gießen 1930, S. 20 und Giersch, Herbert et al.: Weltwirtschaftsordnung und Wirtschaftswissenschaft. Stuttgart und New York 1978.

24) Vgl. Dittrich, Erhard: Die deutschen und österreichischen Kameralisten. Darmstadt 1974, S. 117.
25) Vgl. Stieda, Wilhelm: Die Nationalökonomie als Universitätswissenschaft. Leipzig 1906, S. 209–215.
26) Vgl. Benz, Ernst: Jung-Stilling in Marburg. 2. Aufl. Marburg 1971, S. 15–17.
27) Benz, Ernst: Jung-Stilling in Marburg. 2. Aufl. Marburg 1971, S. 19.
28) Vgl. Benz, Ernst: Jung-Stilling in Marburg. 2. Aufl. Marburg 1971, S. 22–34.
29) Vgl. Drews, Gabriele: Nachwort. In: Johann Heinrich Jung-Stilling: Henrich Stillings Jugend, Jünglings-Jahre und Wanderschaft. München 1982, S. 292.
30) Vgl. Benz, Ernst: Jung-Stilling in Marburg. 2. Aufl. Marburg 1971, S. 42–43.
31) Vgl. Geiger, Max: Aufklärung und Erweckung. Beiträge zur Erforschung Johann Heinrich Jung-Stillings und der Erweckungstheologie. Zürich 1963, S. 240.
32) Vgl. Jung-Stilling, Johann Heinrich: Lebensgeschichte. Hrsg. Gustav Adolf Benrath. Darmstadt 1976, S. 616.
33) Vgl. Drews, Gabriele: Nachwort. In: Johann Heinrich Jung-Stilling: Henrich Stillings Jugend, Jünglings-Jahre und Wanderschaft. München 1982, S. 284–285.
34) Vgl. Borcherdt, Hans Heinrich: Der Roman der Goethezeit. Urach und Stuttgart 1949, S. 68.
35) Vgl. Cunz, Dieter: Nachwort. In: Johann Heinrich Jung-Stilling: Henrich Stillings Jugend, Jünglingsjahre, Wanderschaft und häusliches Leben. Stuttgart 1968, S. 390–391.
36) Vgl. Cunz, Dieter: Nachwort. In: Johann Heinrich Jung-Stilling: Henrich Stillings Jugend, Jünglingsjahre, Wanderschaft und häusliches Leben. Stuttgart 1968, S. 374.
37) Goethe, Johann Wolfgang: Aus meinem Leben. Dichtung und Wahrheit. Zweyter Theil. Berlin 1970, S. 308.
38) Goethe, Johann Wolfgang: Aus meinem Leben. Dichtung und Wahrheit. Zweyter Theil. Berlin 1970, S. 309.
39) Goethe, Johann Wolfgang: Aus meinem Leben. Dichtung und Wahrheit. Zweyter Theil. Berlin 1970, S. 309.
40) Vgl. Stecher, Gotthilf: Jung Stilling als Schriftsteller. Palaestra CXX. Berlin 1913, S. 27.
41) Vgl. Benrath, Gustav Adolf: Einleitung. In: Johann Heinrich Jung-Stilling: Lebensgeschichte. Hrsg. Gustav Adolf Benrath. Darmstadt 1976, S. XII.
42) Vgl. Stecher, Gotthilf: Jung Stilling als Schriftsteller. Palaestra CXX. Berlin 1913, S. 25–26.
43) Vgl. Cunz, Dieter: Nachwort. In: Johann Heinrich Jung-Stilling: Henrich Stillings Jugend, Jünglingsjahre, Wanderschaft und häusliches Leben. Stuttgart 1968, S. 367–368.
44) Vgl. Drews, Gabriele: Nachwort. In: Johann Heinrich Jung-Stilling: Henrich Stillings Jugend, Jünglings-Jahre und Wanderschaft. München 1982, S. 281.
45) Vgl. Müller, Hermann: Vorwort. In: Johann Heinrich Jung-Stilling: Henrich Stillings Jugend. Siegen 1982, S. 9.
46) Fischer, Heinz: Johann Heinrich Jung-Stilling, ein Schilderer Siegerländer Bauerntums und Siegerländer Landschaft. In: Sauerländischer Gebirgsbote. 48. Jg. Arnsberg 1940, S. 97.
47) Vgl. Stecher, Gotthilf: Jung Stilling als Schriftsteller. Palaestra CXX. Berlin 1913, S. 40.
48) Vgl. Jung-Stilling, Johann Heinrich: Henrich Stillings Jugend, Jünglings-Jahre und Wanderschaft. München 1982, S. 7–23.
49) Vgl. Jung-Stilling, Johann Heinrich: Henrich Stillings Jugend, Jünglings-Jahre und Wanderschaft. München 1982, S. 23–40.
50) Vgl. Jung-Stilling, Johann Heinrich: Henrich Stillings Jugend, Jünglings-Jahre und Wanderschaft. München 1982, S. 40–62.
51) Vgl. Jung-Stilling, Johann Heinrich: Henrich Stillings Jugend, Jünglings-Jahre und Wanderschaft. München 1982, S. 62–80.

52) Vgl. Stecher, Gotthilf: Jung Stilling als Schriftsteller. Palaestra CXX. Berlin 1913, S. 31.
53) Vgl. Fischer, Heinz: Gehalt und Gestalt von Jung-Stillings Jugendgeschichte. Staatsexamensarbeit Siegen 1936, S. 4–8.
54) Jung-Stilling, Johann Heinrich: Henrich Stillings Jugend, Jünglings-Jahre und Wanderschaft. München 1982, S. 64.
55) Vgl. Fischer, Heinz: Gehalt und Gestalt von Jung-Stillings Jugendgeschichte. Staatsexamensarbeit Siegen 1936, S. 13–15.
56) Jung-Stilling, Johann Heinrich: Henrich Stillings Jugend, Jünglings-Jahre und Wanderschaft. München 1982, S. 160–161.
57) Jung-Stilling, Johann Heinrich: Henrich Stillings Jugend, Jünglings-Jahre und Wanderschaft. München 1982, S. 34.
58) Vgl. Grollmann, J. R.: Vorwort. In: Johann Heinrich Jung genannt Stilling: Sämmtliche Schriften. Band 1. Hildesheim und New York 1979, S. 7–8.
59) Jung-Stilling, Johann Heinrich: Henrich Stillings Jugend, Jünglings-Jahre und Wanderschaft. München 1982, S. 62–63.
60) Vgl. Stecher, Gotthilf: Jung Stilling als Schriftsteller. Palaestra CXX. Berlin 1913, S. 71–74.
61) Jung-Stilling, Johann Heinrich: Henrich Stillings Jugend, Jünglings-Jahre und Wanderschaft. München 1982, S. 7–8.
62) Jung-Stilling, Johann Heinrich: Henrich Stillings Jugend, Jünglings-Jahre und Wanderschaft. München 1982, S. 58.
63) Jung-Stilling, Johann Heinrich: Henrich Stillings Jugend, Jünglings-Jahre und Wanderschaft. München 1982, S. 49.
64) Jung-Stilling, Johann Heinrich: Henrich Stillings Jugend, Jünglings-Jahre und Wanderschaft. München 1982, S. 57.
65) Vgl. Stecher, Gotthilf: Jung Stilling als Schriftsteller. Palaestra CXX. Berlin 1913, S. 103–105.
66) Vgl. Cunz, Dieter. Nachwort. In: Johann Heinrich Jung-Stilling: Henrich Stillings Jugend, Jünglingsjahre, Wanderschaft und häusliches Leben. Stuttgart 1968, S. 392.
67) Vgl. Stecher, Gotthilf: Jung Stilling als Schriftsteller. Palaestra CXX. Berlin 1913, S. 46–54.
68) Vgl. Stecher, Gotthilf: Jung Stilling als Schriftsteller. Palaestra CXX. Berlin 1913, S. 45.
69) Vgl. Benrath, Gustav Adolf: Einleitung. In: Johann Heinrich Jung-Stilling: Lebensgeschichte. Hrsg. Gustav Adolf Benrath. Darmstadt 1976, S. XII.
70) Stecher, Gotthilf: Jung Stilling als Schriftsteller. Palaestra CXX. Berlin 1913, S. 27.
71) Stecher, Gotthilf: Jung Stilling als Schriftsteller. Palaestra CXX. Berlin 1913, S. 28.
72) Vgl. Götting, Franz: Goethes Straßburger Freund Jung-Stilling. In: Goethe-Kalender auf das Jahr 1937. 30. Jg. Leipzig 1937, S. 223.
73) Jung, Johann Heinrich: Versuch einer Grundlehre sämmtlicher Kameralwissenschaften. Lautern 1779, S. 1.
74) Jung, Johann Heinrich: Abhandlungen oeconomisch und statistischen Inhalts. Kopenhagen und Leipzig 1788, S. 111.
75) Jung, Johann Heinrich: Lehrbuch der Vieharzneykunde. Erster Theil. Heidelberg 1785, Vorbericht.
76) Jung, Johann Heinrich: Vorschläge zu einem bequemern Cameral-Rechnungs-Styl. In: Vorlesungen der Churpfälzischen physikalisch-ökonomischen Gesellschaft. Zweiter Band. Mannheim 1787, S. 229.
77) Jung, Johann Heinrich: Vorschläge zu einem bequemern Cameral-Rechnungs-Styl. In: Vorlesungen der Churpfälzischen physikalisch-ökonomischen Gesellschaft. Zweiter Band. Mannheim 1787, S. 234.
78) Jung, Johann Heinrich: Anleitung zur Cameral-Rechnungs-Wissenschaft nach einer neuen Methode des doppelten Buchhaltens. Leipzig 1786, S. 11.

79) Jung, Johann Heinrich: Lehrbuch der Finanz-Wissenschaft. Leipzig 1789, S. 19.
80) Jung, Johann Heinrich: Lehrbuch der Finanz-Wissenschaft. Leipzig 1789, Vorwort.
81) Jung, Johann Heinrich: Lehrbuch der Finanz-Wissenschaft. Leipzig 1789, S. 10.
82) Jung, Johann Heinrich: Lehrbuch der Finanz-Wissenschaft. Leipzig 1789, S. 99–100.
83) Jung, Johann Heinrich: Lehrbuch der Cameral-Wissenschaft oder Cameral-Praxis. Marburg 1790, S. 2.
84) Jung, Johann Heinrich: Lehrbuch der Cameral-Wissenschaft oder Cameral-Praxis. Marburg 1790, S. 246.
85) Jung, Johann Heinrich: Lehrbuch der Cameral-Wissenschaft oder Cameral-Praxis. Marburg 1790, S. 342.
86) Jung, Johann Heinrich: Die Grundlehre der Staatswirthschaft. Marburg 1792, S. 889.
87) Jung, Johann Heinrich: Staatswirthschaftliche Ideen. Erstes Heft. Marburg 1798, S. 9.
88) Jung, Johann Heinrich: Staatswirthschaftliche Ideen. Erstes Heft. Marburg 1798, S. 44.
89) Jung, Johann Heinrich: Staatswirthschaftliche Ideen. Erstes Heft. Marburg 1798, S. 42.
90) Jung, Johann Heinrich: Staatswirthschaftliche Ideen. Erstes Heft. Marburg 1798, S. 86.
91) Jung, Johann Heinrich: Staatswirthschaftliche Ideen. Erstes Heft. Marburg 1798, S. 84.
92) Vgl. Dittrich, Erhard: Die deutschen und österreichischen Kameralisten. Darmstadt 1974, S. 116.
93) Vgl. Stieda, Wilhelm: Die Nationalökonomie als Universitätswissenschaft. Leipzig 1906, S. 208.
94) Jung-Stilling, Johann Heinrich: Heinrich Stillings Lehr-Jahre. In: Lebensgeschichte. Hrsg. Gustav Adolf Benrath. Darmstadt 1976, S. 442.
95) Vgl. Jung, Johann Heinrich: Antrittsrede über den Ursprung, Fortgang und die Lehrmethode der Staatswirthschaft. Marburg 1787, S. 6–8.
96) Vgl. Jung, Johann Heinrich: Antrittsrede über den Ursprung, Fortgang und die Lehrmethode der Staatswirthschaft. Marburg 1787, S. 12–21.
97) Vgl. Jung, Johann Heinrich: Antrittsrede über den Ursprung, Fortgang und die Lehrmethode der Staatswirthschaft. Marburg 1787, S. 22–26.
98) Vgl. Professor Jungs Gutachten über das Staatswirtschaftliche Institut in Marburg. 1789. In: Stieda, Wilhelm: Die Nationalökonomie als Universitätswissenschaft. Leipzig 1906, S 344–346.
99) Vgl. Landgräfliches Reskript über die Einrichtung eines Staatswirtschaftlichen Instituts an der Universität Marburg. 1789, September 12. In: Stieda, Wilhelm: Die Nationalökonomie als Universitätswissenschaft. Leipzig 1906, S. 347–349.
100) Vgl. Zeitungsinserat über das Staatswirtschaftliche Institut in Marburg. 1789 im November. In: Stieda, Wilhelm: Die Nationalökonomie als Universitätswissenschaft. Leipzig 1906, S. 350–351.
101) Vgl. Krüsselberg, Hans-Günter: Wirtschaftswissenschaft an der Philipps-Universität: Blickpunkte–Brennpunkte. In: Wirtschaftswissenschaften in Theorie und Praxis. Hrsg. Wolfgang Lück. Marburg 1989, S. 35.
102) Jung-Stilling, Johann Heinrich: Heinrich Stillings Lehr-Jahre. In: Lebensgeschichte. Hrsg. Gustav Adolf Benrath. Darmstadt 1976, S. 441.
103) Jung-Stilling, Johann Heinrich: Heinrich Stillings Lehr-Jahre. In: Lebensgeschichte. Hrsg. Gustav Adolf Benrath. Darmstadt 1976, S. 476.
104) Jung-Stilling, Johann Heinrich: Heinrich Stillings Lehr-Jahre. In: Lebensgeschichte. Hrsg. Gustav Adolf Benrath. Darmstadt 1976, S. 493–494.
105) Jung-Stilling, Johann Heinrich: Heinrich Stillings Lehr-Jahre. In: Lebensgeschichte. Hrsg. Gustav Adolf Benrath. Darmstadt 1976, S. 534–535.
106) Jung-Stilling, Johann Heinrich: Heinrich Stillings Lehr-Jahre. In: Lebensgeschichte. Hrsg. Gustav Adolf Benrath. Darmstadt 1976, S. 567.